灰色系统丛书

刘思峰　主编

分数阶灰色模型及其在装备费用测算中的应用

吴利丰　张　娜　著

国家自然科学基金项目
教育部人文社会科学研究规划基金项目　资助
河北工程大学博士科研启动基金项目

科 学 出 版 社
北　京

内 容 简 介

本书系统地论述分数阶灰色预测模型，是作者长期从事灰色系统理论探索、实际应用和教学工作的结晶，精辟地向读者展示出灰色系统理论这一新学科的前沿发展动态。全书共分 10 章，包括分数阶累加灰色预测模型、分数阶导数灰色预测模型、基于分数阶缓冲算子的灰色预测模型、GM（1，1）分数阶累积模型、灰色关联度模型等。这些内容都是作者首次提出。应用上强调方法在复杂装备费用预测中的实际背景。

本书可作为理工类、经管类各专业大学生和研究生学习预测方法与灰色系统理论的教材，也可供科研机构、高等院校等单位的科研技术人员参考。

图书在版编目（CIP）数据

分数阶灰色模型及其在装备费用测算中的应用 /吴利丰，张娜著. —北京：科学出版社，2017.12

（灰色系统丛书）

ISBN 978-7-03-055114-6

Ⅰ. ①分… Ⅱ. ①吴… ②张… Ⅲ. ①灰色模型-研究 Ⅳ. ①N945.12

中国版本图书馆 CIP 数据核字（2017）第 268670 号

责任编辑：李 莉 / 责任校对：王晓茜

责任印制：吴兆东 / 封面设计：无极书装

科 学 出 版 社 出版

北京东黄城根北街 16 号

邮政编码：100717

http://www.sciencep.com

北京京华虎彩印刷有限公司 印刷

科学出版社发行 各地新华书店经销

*

2017 年 12 月第 一 版 开本：720×1000 B5

2017 年 12 月第一次印刷 印张：9 1/4

字数：190 000

定价：62.00 元

（如有印装质量问题，我社负责调换）

丛 书 序

灰色系统理论是 1982 年中国学者邓聚龙教授创立的一门以“小数据，贫信息”不确定性系统为研究对象的新学说。新生事物往往对年轻人有较大吸引力，在灰色系统研究者中，青年学者所占比例较大。虽然随着这一新理论日益被社会广泛接受，一大批灰色系统研究者获得了国家和省部级科研基金的资助，但在各个时期仍有不少对灰色系统研究有兴趣的新人暂时缺乏经费支持。因此，中国高等科学技术中心（China Center of Advanced Science and Technology，CCAST）的长期持续支持对于一门成长中的新学科无疑是雪中送炭。学术因争辩而产生共鸣。热烈的交流、研讨碰撞出思想的火花，促进灰色系统研究工作不断取得新的进展和突破。

由科学出版社推出的这套“灰色系统丛书”，包括灰色系统的理论、方法研究及其在医学、水文、人口、资源、环境、经济预测、作物栽培、复杂装备研制、电子信息装备试验、空管系统安全监测与预警、冰凌灾害预测分析、宏观经济投入产出分析、农村经济系统分析、粮食生产与粮食安全、食品安全风险评估及预警、创新管理、能源政策、联网审计等众多领域的成功应用，是近 10 年来灰色系统理论研究和应用创新成果的集中展示。

CCAST 是著名科学家李政道先生在世界实验室、中国科学院和国家自然科学基金委员会等部门支持下创办的学术机构，旨在为中国学者创造一个具有世界水平的宽松环境，促进国内外研究机构和科学家之间的交流与合作；支持国内科学家不受干扰地进行前沿性的基础研究和探索，让他们能够在国内做出具有世界水平的研究成果。近 30 年来，CCAST 每年都支持数十次学术活动，参加活动的科学家数以万计，用很少的钱办成了促进中国创新发展的大事。CCAST（特别是学术主任叶铭汉院士）对灰色系统学术会议的持续支持，极大地促进了灰色系统理论这门中国原创新兴学科的快速成长。经过 30 多年的发展，灰色系统理论已被全球学术界所认识和接受。多种不同语种的灰色系统理论学术著作相继出版，全世界有数千种学术期刊接收、刊登灰色系统论文，其中包括各个科学领域的国际顶级期刊。

2005 年，经中国科学技术协会（以下简称中国科协）和中华人民共和国民政部批准，中国优选法统筹法与经济数学研究会成立了灰色系统专业委员会，挂靠南京航空航天大学。国家自然科学基金委员会、CCAST、南京航空航天大学和上海市浦东新区教育学会对灰色系统学术活动给予大力支持。2007 年，全球最大的学术组织 IEEE 总部批准成立 IEEE SMC 灰色系统委员会，在南京航空航天大学举办了首届 IEEE 灰色系统与智能服务国际会议（GSIS）。2009 年和 2011 年，南京航空航天大学承办了第二届、第三届 IEEE GSIS。2013 年，在澳门大学召开的第四届 IEEE GSIS 得到澳门特别行政区政府资助。2015 年，在英国 De Montfort 大学召开的第五届 IEEE GSIS 得到欧盟资助。2017 年 7 月，第六届 IEEE GSIS 将在瑞典斯德哥尔摩大学举办。

在南京航空航天大学，灰色系统理论已成为经济管理类本科生、硕士生、博士生的一门重要课程，并为全校各专业学生开设了选修课。2008 年，灰色系统理论入选国家精品课程；2013 年，又被遴选为国家精品资源共享课程，成为向所有灰色系统爱好者免费开放的学习资源。

2013 年，笔者与英国 De Montfort 大学杨英杰教授合作，向欧盟委员会提交的题为 Grey Systems and Its Application to Data Mining and Decision Support 的研究计划，以优等评价入选欧盟第 7 研究框架“玛丽· 居里国际人才引进行动计划”（Marie Curie International Incoming Fellowships，PEOPLE-IIF-GA-2013-629051）。2014 年，由英国、中国、美国、加拿大等国学者联合申报的英国 Leverhulme Trust 项目以及26个欧盟成员国与中国学者联合申报的欧盟Horizon 2020研究框架计划项目相继获得资助。2015 年，由中国、英国、美国、加拿大、西班牙、罗马尼亚等国学者共同发起成立了“国际灰色系统与不确定性分析学会”（International Association of Grey Systems and Uncertainty Analysis）。

灰色系统理论作为一门新兴学科已以其强大的生命力自立于科学之林。

这套“灰色系统丛书”将成为灰色系统理论发展史上的一座里程碑。它的出版必将有力地推动灰色系统理论这门新学科的发展和传播，促进其在重大工程领域的实际应用，促进我国相关科学领域的发展。

刘思峰

南京航空航天大学和英国 De Montfort 大学特聘教授

欧盟玛丽·居里国际人才引进行动计划 Fellow（Senior）

国际灰色系统与不确定性分析学会主席

2015 年 12 月

序

20 世纪 80 年代初期，邓聚龙教授首创灰色系统理论。30 多年来，灰色系统理论研究新成果不断涌现。作为中国学者原创的新学说，灰色系统理论正逐步走向世界。目前，从事理论、方法研究和实际应用的学者遍布全球各地。

灰色序列算子，如累加算子、缓冲算子等均以整数阶形式出现。灰色差分方程和灰色微分方程模型也都是整数阶模型。近年来，“分数阶”思想及相关研究迅速兴起，新的研究成果不断涌现。吴利丰博士将分数阶思想引入灰色序列算子和灰色预测模型，提出了分数阶累加算子、分数阶缓冲算子，以及分数阶差分方程和分数阶微分方程模型，并研究了分数阶算子和分数阶模型的性质，分析了灰色预测模型稳定性与样本量的关系，取得了一系列具有重要理论意义和实际应用价值的研究成果。其中 1 篇论文入选中国精品科技期刊顶尖学术论文——领跑者 5 000，1 篇论文入选 *Communications in Nonlinear Science and Numerical Simulation* 中的“Highly Cited Papers”。

2013 年，吴利丰以其在分数阶灰色预测模型研究方面的开拓性工作被遴选为南京航空航天大学全国优秀博士学位论文培养对象。在读期间，他曾获得研究生国家奖学金、南京航空航天大学首届“群星创新奖”、中航机电特别奖学金、“临近空间杯”博士生科技创新奖、“学术十杰”称号。他在 2015 年荣获江苏省科学技术奖（自然科学）一等奖、2016 年获国防科学技术奖一等奖。

该书是吴利丰博士近年来研究工作的结晶。全书以分数阶的“in between”思想为主线，系统展示了他在分数阶序列算子和分数阶预测模型领域的成果。在此，特向读者推荐这本集科学性、创新性于一体的灰色系统理论著作。我深信，它的出版将会推动灰色系统理论这门新学科的发展和传播，促进相关学科的发展和灰色系统模型的实际应用。

刘思峰
国家有突出贡献的专家
国际灰色系统与不确定性分析学会主席
南京航空航天大学特聘教授、博士生导师
2017 年 4 月 30 日

前　言

灰信息、随机信息、模糊信息和粗糙信息是已知的四种单式不确定性信息，对各种不确定性信息的数学处理是当今科学研究中的热点之一。自邓聚龙先生提出灰色系统理论以来，灰色建模技术取得了一系列可喜的研究成果。但是作为一门新兴学科，其理论基础有待完善。本书从“提出问题、解决问题、实例验证”的思路出发，将“分数阶”的思想贯穿于全书，深入研究灰色建模技术，使新模型满足新信息优先原理和最少信息原理，以期丰富和完善灰色系统理论。本书主要研究工作如下。

（1）利用矩阵扰动理论证明了灰色一阶序列累加方法在扰动相等的情况下，原始序列样本量较大，解的扰动界较大；样本量较小，解的扰动界较小。从稳定性的角度考虑，当样本量较小时，所建模型相对稳定。为进一步降低扰动界，本书提出了分数阶序列累加，从新信息是否优先、初值是否利用、单调性、稳定性和还原误差大小这五方面比较分数阶累加模型和传统一阶累加模型的差异。

（2）针对缺乏统计规律的小样本预测系统，如何挖掘其发展规律，一直是学术界的难点。本书依据分数阶微积分理论，将整数阶导数灰色模型推广到分数阶导数灰色模型，并从是否满足新信息优先原理、初值利用情况、还原误差大小和稳定性等方面说明了新模型的优势，以期用 Caputo 型分数阶导数的记忆性描述小样本预测系统。通过实例表明含有 Caputo 型分数阶导数的灰色预测模型的有效性与实用性。

（3）通过矩阵扰动理论分别证明：经典弱化缓冲算子、变权弱化缓冲算子和普通强化缓冲算子的新信息优先性，从新信息优先的角度比较了这三种缓冲算子，并讨论了样本量与缓冲作用之间的关系。针对传统缓冲算子不能实现作用强度的微调，从而导致缓冲作用效果过强或过弱的问题（n 阶缓冲算子的缓冲效果过弱，而 $n+1$ 阶缓冲算子的缓冲效果可能过强），借助矩阵计算方法，构造的分数阶经典弱化缓冲算子可以实现缓冲效果随着阶数的改变而改变。

（4）提出了相似信息优先的复杂装备费用预测模型，可用于样本费用与系统指标之间存在较强的线性关系的情况；从理论上证明了基于相似关联度的 GM

（0，N）模型的建模原理，可用于样本费用与系统指标之间线性关系较弱的情况；通过实例说明了新型 GM（1，1）模型在复杂装备维修费用预测中的实用性和有效性。

本书由吴利丰总体策划、主要执笔和统一定稿，其中张娜执笔了第 8 章和第9章；高晓辉执笔第3章。本书的出版得到了国家自然科学基金（71401051）、教育部人文社会科学研究规划基金（15YJA630017）等项目的资助！在本书写作和出版过程中，得到中国优选法统筹法与经济数学研究会副理事长兼灰色系统专业委员会理事长刘思峰教授、英国 De Montfort University（德蒙福特大学）的 Yingjie Yang 教授、科学出版社领导和老师等的热情支持和指导，在此致以衷心的感谢！

由于作者水平有限，书中难免存在不足之处，恳请读者批评指正！

作　者

2017 年 4 月

目　录

第 1 章　引论 …… 1
1.1　问题的提出及研究意义 …… 1
1.2　研究现状及评述 …… 2
1.3　主要研究方法 …… 9
第 2 章　分数阶累加灰色预测模型 …… 10
2.1　基于一阶累加建模解的扰动分析 …… 10
2.2　基于分数阶累加的离散灰色预测模型 …… 14
2.3　分数阶累加灰色模型与一阶累加灰色模型的比较 …… 20
2.4　实例分析 …… 24
第 3 章　含分数阶累加的灰色指数平滑模型 …… 27
3.1　灰色二次指数平滑模型 …… 27
3.2　灰色三次指数平滑模型 …… 30
3.3　模型性质的比较 …… 31
第 4 章　分数阶反向累加 GM（1，1）模型 …… 35
4.1　一阶反向累加 GM（1，1）模型 …… 35
4.2　分数阶反向累加 GM（1，1）模型 …… 38
4.3　实例分析 …… 40
第 5 章　分数阶导数灰色预测模型 …… 42
5.1　基于 Caputo 型分数阶导数的灰色模型 …… 42
5.2　新信息优先的分数阶导数灰色模型 …… 43
5.3　实例分析 …… 47
第 6 章　基于分数阶缓冲算子的灰色预测模型 …… 50
6.1　经典弱化缓冲算子的新信息优先性 …… 50
6.2　变权弱化缓冲算子的新信息优先性 …… 56
6.3　普通强化缓冲算子的新信息优先性 …… 61

6.4 分数阶弱化缓冲算子的构造 …… 70
6.5 多元缓冲算子研究 …… 72
6.6 实例分析 …… 77
第 7 章 GM（1，1）分数阶累积模型 …… 81
7.1 基于传统累积法估计 GM（1，1）模型参数的稳定性 …… 81
7.2 基于分数阶累积法估计灰色模型参数的稳定性 …… 84
7.3 实例分析 …… 88
第 8 章 区间灰数序列的灰色预测模型 …… 90
8.1 区间灰数的大小比较方法 …… 90
8.2 区间灰数的无偏预测模型构建 …… 92
8.3 上界、下界均服从指数增长的区间灰数预测分析 …… 95
8.4 实例分析 …… 96
第 9 章 灰色关联度模型 …… 98
9.1 分数阶灰色关联度 …… 98
9.2 面向横截面数据的灰色相似关联度 …… 103
9.3 针对面板数据的三维灰色凸关联度 …… 106
第 10 章 新模型在复杂装备费用预测中的应用研究 …… 112
10.1 相似信息优先的复杂装备费用预测模型 …… 112
10.2 基于 GM（0，N）模型预测复杂装备研制费用 …… 117
10.3 基于分数阶累加 GM（1，1）模型预测武器装备维修费用 …… 123
参考文献 …… 126

第 1 章　引　论

1.1　问题的提出及研究意义

在系统科学研究中，系统内外各种扰动的存在与人们认识水平的局限，使人们得到的信息往往带有某种不确定性。随着科学的发展和人类社会的进步，人们对各类系统不确定性问题的研究逐步深入。在 20 世纪后半叶，系统科学领域涌现了概率论、模糊数学[1，2]、粗糙集[3，4]等其他不确定性系统理论和方法[5]。在世界科技大发展的背景下，1982 年，我国学者邓聚龙创立了灰色系统理论，它以“部分信息已知，部分信息未知”的“小样本”“贫信息”不确定性系统为研究对象，是一种研究少数据、贫信息不确定性问题的新方法[6~9]。经过三十多年的发展，灰色系统理论已初步建立了一门新兴学科的理论结构，尤其是灰色预测模型和灰色关联度模型在能源[10~12]、农业[13]、教育[14]、工业[15~17]、经济[18~21]等众多领域的成功应用，展现出了其重要的理论及应用价值，赢得了国内外学者的广泛肯定和关注。

尽管灰色系统理论取得了较大发展，但是作为一门新兴学科，其理论体系还有待完善和丰富，总体来讲，现有模型的如下问题值得关注。

（1）为什么灰色系统理论适用于“小样本”问题有待解决。经典概率论是建立在大样本基础上的，样本量越大越好。灰色“小样本”系统旨在充分利用辅助信息，注重“贫信息”的内涵，并不是样本量越小越好，这与大样本为基础的概率论是相悖的。然而样本量对灰色系统模型的影响如何还未见研究，本书从稳定性的角度考虑，证明了当样本量较小时，所建模型相对稳定。这对夯实灰色系统基础理论起着关键性的作用。

（2）现有灰色预测模型是否满足灰色系统理论的最少信息原理和新信息优先原理值得研究。充分开发利用已有的“最少信息”是灰色系统理论解决问题的基本思路；根据历史经验和统计规律，新信息对小样本的预测、决策往往具有较强的指示性，含有较高的信息质量。然而本书通过理论证明了：现有的部分灰色预测没有利用原始序列的初值，也不满足新信息优先原理，普通强化缓冲算子不满足最少信息原理和新信息优先原理。进而提出了分数阶累加灰色模型、分数阶导数模型和分数阶缓冲算子，这些新模型都满足最少信息原理，并且在一定程度上解决了不满足新信息优先原理的问题。这些对灰色预测理论的完善和发展具有重要的理论意义。

（3）复杂装备全寿命周期费用预测迫切需要精度更高、更可靠的分数阶灰色系统模型。大型复杂装备往往是小批量、定制化生产，费用信息难于收集和整理，数据质量和数量有限。费用预测面临着数据少，统计不准的问题。在这种情况下，各种灰色预测模型被广泛应用于装备费用的预测。鉴于现代复杂装备研制、生产、使用大都要经历一个较长的时期，考虑到技术进步、通货膨胀、学习曲线、生产率的变化，越新的数据越能反映复杂装备费用与参数之间的关系，这与灰色系统理论的新信息优先原理是一致的。因此有必要探讨现有灰色预测模型的建模机理，进一步提出更合理、适用的灰色预测模型。这对于推动灰色系统理论与复杂装备成本测算问题的对接具有现实意义。

1.2 研究现状及评述

1.2.1 累加生成方法研究

邓聚龙教授认为累加生成可以使灰色过程由灰变白，通过累加使离乱的原始数据中蕴含的规律充分显露出来，进而看出灰量积累的发展态势[22]。Wen 提出了局部序列灰色累加[23]；宋中民等（宋中民等[24]、宋中民和邓聚龙[25]）对序列累加生成进行了深入研究，分析累加生成序列的性质，并提出累加生成空间和反向累加生成算子；杨知等根据反向序列累加的特点改进了 GOM（1，1）模型的背景值[26]；杨保华和张忠泉[27]、周慧和王晓光[28]分别基于倒数累加生成对单调递减序列进行灰色建模；陈超英将累加生成改为卷积变换，构建了带有线性时间项的 GM（1，1，t）模型[29]；王美岚研究了生成矩阵的元素与生成序列凸性的关系，并用黎曼积分解释了传统累加的几何意义，用斯蒂阶积分解释广义累加的几何意义[30]；肖新平等（肖新平和毛树华[7]、肖新平等[31]）给出了累加生成算子的矩阵形式，讨论了 r 阶累减生成的基矩阵，并将传统的累加生成推广到广义累加生成和广义累减生成；但是广义累加生成较为笼统，且不易计算[32, 33]；同小军等举例说明灰色模型的累加生成能“增强”规律性，具有良好的抗噪性[34]；陈俊珍的研究表明累加生成不一定能弱化“随机性”，而给结果带来好处[35]；徐永高指出累加和最新二乘法是导致灰色模型病态的直接原因[36]；钱吴永等[37]、魏玉明等[38]、孙全敏和王雅鹏[39]、马乐[40]都指出累加序列是原始数据的加权和，传统的累加将原始数据看作是同等重要的，并没有体现原始数据中新信息的重要性，为此钱吴永等[37]、魏玉明等[38]分别提出加权累加生成的 GM（1，1）模型，孙全敏和王雅鹏[39]提出了变初始点累加；Tien 研究了累加阶数对原始数据中间信息的影响[41]。上述学者的研究总结起来可以分为两类：一是针对不同的序列特征构造各自适用的生成方法，二是研究已有累加生成技术的性质以及对灰色预测模型的影响。上述研究缺乏对累加生成的系统研究，也没有比较不同累加生成对灰色预测模型的影响。

1.2.2 GM（1，1）模型研究

邓聚龙教授基于预测控制的思想完成了灰色系统理论的开篇之作，经过 30 多年的发展，灰色预测模型已成为灰色系统理论中最为活跃的分支之一，学者们从不同角度对具有一阶方程和一个变量的灰色模型 GM（1，1）进行了深入研究，主要集中在以下五个方面。

1. *初始值优化*

陈俊珍[35]、Tien[42]指出：由于传统的序列累加和初始条件选为 $x^{(0)}(1)$，共同造成了模拟值 $\hat{x}^{(0)}(k)$ 与初始值 $x^{(0)}(1)$ 无关，第一点信息没有起作用，说明传统的灰色模型不满足最少信息原理；考虑到新信息在建模中应当发挥关键作用，Dang[43]、张怡等[44]、董奋义和田军[45]分别以 $x^{(1)}(n)$ 作为灰色模型初始条件；罗佑新[46]则以 $x^{(0)}(n)$ 作为灰色模型初始条件；姚天祥等以拟合误差平方和最小为目标函数，求得最优初始点[47]；实际上，初始值优化就是优化指数模型的一个参数，该参数不一定过某个原始数据，规定该参数过某个原始数据，得到的误差平方和有可能不是最优。因此王义闹以误差平方和最小为目标函数，直接优化指数模型的这个参数，得到了最小的误差平方和[48]。

2. *背景值优化*

传统的背景值 $z^{(1)}(k)=x^{(1)}(k)+x^{(1)}(k+1)/2$ 适用于时间间隔小、变化平缓的序列，不适用于其他情况，因此学者们基于不同视角优化背景值，拓宽了灰色模型的适用范围。例如，谭冠军首次基于 $z^{(1)}(k)$ 的几何意义构造了新背景值[49]；王义闹等设待定参数 $\lambda\in(0,1)$，将 $z^{(1)}(k)$ 推广为 $z^{(0)}(k)=\lambda z^{(0)}(k)+(1-\lambda)x^{(0)}(k+1)$，得到结论：① $\lim\limits_{a\to 0}\lambda=\lim\limits_{a\to 0}\dfrac{1}{a}-\dfrac{1}{\mathrm{e}^{a}-1}=\dfrac{1}{2}$；② $\lambda(a)$ 为严格单调增函数[50]；Zou 给出的背景值为 $z^{(1)}(k)=\dfrac{x^{(0)}(k+1)}{\ln x^{(1)}(k+1)-\ln x^{(1)}(k)}$ [51]；Lin 则给出的背景值为 $z^{(1)}(k)=$

$\dfrac{x^{(0)}(k)}{\ln x^{(0)}(k)-\ln x^{(0)}(k-1)}+x^{(1)}(k)-\dfrac{(x^{(0)}(k))^2}{x^{(0)}(k)-x^{(0)}(k-1)}$[52]；李俊峰和戴文战基于Newton-Cores 公式和插值重构了模型的背景值[53]；王叶梅等[54]、李翠凤和戴文战[55]分别研究了非等间距 GM（1，1）模型背景值的构造方法。

3. 模型参数估计方法

在比较灰色系统模型优劣时常用平均相对误差绝对值指标，由于在模型优化算法中多数以误差平方和最小为目标，运用最小二乘法估计模型参数，而不是以平均相对误差绝对值最小为目标，这样就导致了模型优化与模型检验的脱节，模型的平均相对误差绝对值可能不会达到最小。因此众学者在最优化目标函数与模型精度检验标准一致性方面进行研究，张岐山运用微粒群算法优化模型背景值和边值，得到了较高的模型精度[56]；Lee 设误差绝对值最小为目标函数，采用遗传算法优化模型参数[57]；何文章等在平均相对误差绝对值最小为目标函数的情况下，运用线性规划求解模型参数[58]；Wang 和 Hsu[59]、Hsu[60]、郑照宁和刘德顺[61]都是在平均相对误差绝对值最小为目标函数的情况下，运用遗传算法求解模型参数；吴利丰和王义闹在平均相对误差绝对值最小化的准则下，提出一种估计灰色模型的算法，使模型优化与模型检验的准则一致，且得到了最小的平均相对误差绝对值[62]。

除了上述估计参数的方法外，近几年，有学者采用累积法估计灰色预测模型的参数[63]。曾祥艳和肖新平先对原始数据进行幂变换，然后运用累积法估计模型参数，再将参数代入内涵型 GM（1，1），最后还原新序列，得到原始数据的拟合值，不仅比传统模型精度高，还适用于高增长序列[64]；郭文艳和任大卫引入累积法估计 GM（1，1）模型的参数，避免了大量的矩阵运算，降低了计算量[65]；李洪然等运用参数累积估计法代替最新二乘法，证实模型降低了矩阵条件数[66]；黄磊和张书毕用累积法估计背景值加权的 GM（1，1）模型参数，不仅拟合、预测精度高，且降低了模型的病态性，提高了预测的可靠性[67]。

4. GM（1，1）模型的性质研究

近年来，对模型参数的研究取得一些成果。邓聚龙指出发展系数的界区为$a\in\left(\dfrac{-2}{n+1},\dfrac{2}{n+1}\right)$，级比界区为$\sigma(k)\in\left(\mathrm{e}^{\frac{-2}{n+1}},\mathrm{e}^{\frac{2}{n+1}}\right)$[5]；刘思峰和邓聚龙证明 GM（1，1）模型的适用范围为：发展系数$a\in(-2,2)$，依据发展系数阈值，界定了GM（1，1）模型的有效区、慎用区、不宜区和禁区[68]；王文平和邓聚龙基于GM（1，1）模型的混沌特性解释了 GM（1，1）模型的禁区现象[69]；胡大红和魏勇证明了当$x^{(0)}(k)$非负单调递减时，发展系数$a>0$[70]。党耀国等证明了传统GM（1，1）模型不会存在病态性问题[71]；郑照宁等则指出 GM（1，1）模型的方程组存在严重的病态性问题[72]；吴正朋等指出直接用原始数据建立离散 GM

（1，1）模型有很大的病态性问题[73]；Chen 给出了建立 GM（1，1）模型的充要条件[74]。关于样本量与模型的关系研究不多，Li 等[75]、Su 等[76]建议只用最新的数据建立 GM（1，1）模型，不必用所有数据建模；Yao 等基于等比序列证明了样本量越大，模拟误差越大，从模拟误差的角度考虑 GM（1，1）模型适用于小样本建模[77]；Yeh 和 Lu 指出灰色模型的样本量 n 满足 $4 \leqslant n \leqslant \max\left\{4, \dfrac{2-|\ln a|}{|\ln a|}\right\}$ [78]。

5. GM（1，1）模型的拓展

邓聚龙对GM（1，1）模型进行了深入研究，推导出5种派生模型[5]；吉培荣等提出的无偏 GM（1，1）模型具有白指数律重合性[79]；穆勇给出的无偏 GM（1，1）直接建模法同时满足白指数律重合性和线性变换一致性[80]；Xiao 等基于 GM（1，1）模型的矩阵形式给出了 GM（1，1）模型的若干个扩展方向[81]；Cui 等把原模型的灰作用量 b 变为 kb，重新构建了 NGM（1，1，k）模型[82]；Xie 等分析传统 GM（1，1）模型的问题是从离散形式直接跳跃到连续形式，进而提出了一系列灰数离散模型[83]；Zhou 和 He 克服原 GM（1，1）模型中指数模拟偏差和离散 GM（1，1）模型中估计式和预测式之间不等转化的缺点，提出了广义 GM（1，1）模型，并用其预测我国的燃油产量[84]；由于离散 GM（1，1）的级比为固定常数，杨保华等基于级比序列构建离散 GM（1，1），较好地提取了原始序列级比的动态变化性，模型的拟合效果优于原离散 GM（1，1）模型[85]；Chen 等将灰色建模思想扩展到更一般化的 NGBM（1，1）模型[86]；Wu 等将灰色建模思想运用到 Lotka-Volterra 模型上，取得了不错的效果[87]；He 等基于矩阵构建了含有偏微分方程的灰色模型[88]。

以上模型都是基于实数建立模型，近年来，基于灰数序列建立的灰色预测模型成为研究热点。Tsaur 构建了灰数序列的模糊回归模型[89]；袁潮清等给出了考虑发展趋势和认知程度的区间灰数预测模型[90]；曾波等通过计算灰数层的面积及其中位线中点坐标，将区间灰数序列变换成实数序列，构建了区间灰数预测模型，避免了区间灰数的代数运算和灰数信息的丢失[91]。

1.2.3 灰色关联度研究

作为灰色决策和灰色控制的基石，灰色关联分析的基本思想是根据序列曲线几何形状的相似程度来判断其联系是否紧密，曲线越接近，相应序列之间的关联度就越大，反之就越小。自提出以来被广泛应用于系统的因素分析、方案决策和优势分析[92~94]，众多学者以邓聚龙[5]教授提出的灰色关联公理为基础构造了若干新型灰色关联度模型，有基于点关联系数的 T 型关联度[95]、利用一阶差商代替一阶导数的斜率关联度[96]、二阶趋势关联度[97]、B 型关联度[98]、引入灰关联熵的改进关联度[99]和考虑时滞效应的时滞关联度[100]。还有利用两序列曲线之间所夹面积度量两序列曲线相似程度的绝对关联度[6]和利用两曲面间的体积度量两曲面相似程度的扩展灰色绝对关联度[101]。以上所有关联度都是基于序列的接近度刻画序列折线的相似性，没有界定接近性和相似性的不同，所以刘思峰等基于广义灰色关联度，分别提出了考虑相似性和接近性的灰色关联度[102]。

学者们从两方面深入研究了灰色关联度。一是拓展研究对象，从实数关联度到区间数关联度[103]，进一步推广到复数、向量、矩阵范数下的关联度[104]和张量灰色关联度[105]。二是分析现有灰色关联度的性质，何文章和郭鹏指出邓氏关联度的次序与无量纲化的方法有关[106]；肖新平分别分析了四种关联度的性质，指出绝对关联度和邓氏关联度的排序离散度小，模型缺乏充足的科学依据[107]；崔杰等提出了关联度仿射性和仿射变换保序性，并证明 T 型关联度和比率关联度满足这两个性质[108]；谢乃明和刘思峰给出了平行性和一致性的定义，并证明很少有关联度同时满足这两个性质[109]；黄元亮和陈宗海指出灰色关联度四公理中的整体性和偶对对称性互不相容[110]。

以上研究没有分析各种灰色关联度的适用性，不熟悉灰色关联度理论的人不便于使用，从而不利于灰色关联分析的推广。

1.2.4 缓冲算子研究

冲击扰动系统的预测结果和人们定性分析结论不一致的现象经常存在，这不是模型选择的问题，问题在于要排除系统的冲击干扰，正确把握事物规律。为此刘思峰等提出了满足缓冲算子三公理的缓冲算子体系，用于还原系统数据的本来面目[6]。

党耀国等在平均弱化缓冲算子的基础上，提出了一系列新的缓冲算子[111]；吴正朋等基于序列反向累积的思想，提出一种弱化缓冲算子[112]；崔杰等（崔杰等[113]、崔杰和党耀国[114]）、崔立志等（崔立志等[115]、崔立志等[116]）、戴文战和苏永[117]都是基于缓冲算子三公理和新信息优先原理构造了多种缓冲算子，但是如何体现了新信息优先原理，并没有从理论上给予证明；Hu 等基于严格单调函数构造一种强化缓冲算子，为缓冲算子的研究开拓了一个新方向[118]；党耀国等研究了平均强化缓冲算子、几何平均强化缓冲算子、加权平均强化缓冲算子和加权几何平均强化缓冲算子之间的内在关系[119]；关叶青揭示了弱化缓冲与强化缓冲的对应关系，即指数由负到0，由0到正的变化，导致缓冲算子由强（弱）化到不变化，由不变化到弱（强）化的过程[120]；魏勇构造了一类线性强化缓冲算子和弱化缓冲算子，并证明了 m 阶缓冲算子的计算公式[121]。在缓冲算子应用方面，Guo 等[122]、Liao 等[123]、朱坚民等[124]、尹春华和顾培亮[125]都是利用经典的平均弱化缓冲算子解决实际问题；李冬梅和李翔[126]、高岩等[127]、王大鹏和汪秉文[128]分别用各自提出的缓冲算子解决实际问题。为了较好地控制缓冲算子的作用强度，防止出现 k 阶缓冲算子的作用强度不够，$k+1$ 阶缓冲算子的作用强度过大的现象，高岩等[129]、王正新等[130]、李雪梅等[131]围绕变权缓冲算子进行了研究，在缓冲算子微调方面取得了一些进展，但是又产生了权重如何确定的问题，缓冲算子实现微调的问题没有被彻底解决。总体来说，以上研究缺乏分析现有缓冲算子的数学性质，没有比较众多缓冲算子的差异，在各类缓冲算子的微调等方面没有取得突破性进展，需要进一步的深入研究。

1.2.5　复杂装备费用测算模型研究

复杂装备（complex equipment）是指一类产品结构复杂、工程技术含量高、价格昂贵、零部件集成度高的大型产品或系统，如飞机、大型船舶、卫星、运载火箭等。由于客户的个性化和专业化需求，复杂装备通常属于单件或小批量定制生产。

以飞机为例，其寿命周期的费用构成极为复杂，包括国外动力系统、机载系统等的采购费，国内机体采购费，生产制造费等。因此，对飞机费用的估算既是一个复杂的技术工程，也是一个错综复杂的管理过程。随着应用需求的不断提高，大型飞机工程呈现出技术密集、知识密集、系统越加复杂等特点，其研制总费用对航空产业发展和国民经济全局的影响越来越明显。随着科技飞速发展及其在军事领域的广泛应用，大型复杂装备费用增长在国内外都成为普遍现象，费用成为影响装备发展的首要问题。为有效控制费用增长，提高经费使用效率，准确预测复杂装备各阶段的费用就成为重要问题。

针对复杂装备的费用估算问题，按照方案探索、方案论证、工程研制、生产、保障维修的全寿命周期来看，目前常用的方法有参数法、类比法、专家调查法、工程估算法。随着工程的不断推进，估算的费用项目也越来越清晰，上述方法也是由初期的粗糙估算到后来的详细估算。现有测算方法及适用范围见表 1.1。

表 1.1　常用费用估算方法的比较

费用估算方法	适用范围	适用阶段	优点	缺点
参数估算法	具有历史延续性的系列装备	方案论证阶段	①使用快速、成本低； ②客观性比较好； ③不仅可提供费用估算值，还可以提供置信区间	①不能应用于一个全新的系统或技术含量高的系统； ②即使用于一个改进的系统，也需要进行调整； ③不宜用于分系统级以下部件的费用估算； ④在维修保障费用估算方面仍有不足
类比估算法	性能上类似，又无大量数据的装备	概念设计阶段	快速、成本低	相比参数估算法准确度较差

续表

费用估算方法	适用范围	适用阶段	优点	缺点
专家判断估算法	具有较大技术创新或在其他方法无法完成的情况下	方案论证阶段	①方便、快速； ②成本低	①主观性较大，对估算结果影响大； ②估算结果评估与鉴定难； ③部分总费用和总费用影响较大
工程估算法	已经服役的装备	生产阶段	①结果准确； ②能够给出更为详细的数据； ③允许对其进行详细模拟和灵敏性分析； ④对于使用、保障费的估算有明显优势	①对数据要求较高 ②对其估算结果很难评估与鉴定 ③该方法在某些输入上是主观的，对部分总费用和总费用影响较大

近年来，复杂装备费用预测模型研究主要分为以下两类。

1. 灰色系统理论在复杂装备费用预测中的研究

参数估算法是根据已有资料建立起各项费用和装备系统主要参数之间的关系式，进行费用预测。费用预测之前必须做好数据的收集和整理。但实际情况是，出于安全性的考虑，在研或现役装备的性能、相关费用等数据往往有一定的密级，一般人员很难获得。在这种情况下，各种灰色预测模型被广泛应用于装备费用的预测，大致分为三类，一是单变量灰色模型的应用，陈郁虹和刘军[132]、郭继周等[133]、冀海燕等[134]分别用 GM（1，1）模型预测无人机的维修费用、某装备的使用保障费用和潜射导弹武器系统维修保障费用；孟科和张博基于灰色分离 GM（1，1）模型预测某型号装备的寿命周期费用[135]；王春健基于 GM（1，1）预测某型号导弹的寿命周期费用[136]；訾书宇和魏汝祥基于傅里叶级数改进了 GM（1，1）模型，实例证明该方法在武器系统费用预测性能方面有较大提高[137]；卢海翔和魏军利用改进的 GM（1，1，λ）模型预测了舰艇批量生产成本[138]。二是多变量灰色模型的应用，其中何莎伟等运用改进的 GM（0，n）模型预测了干线客机的价格[139]；孙兆辉等运用聚类分析提取有代表性的费用参数，通过 GM（0，4）模型预测发动机的价格[140]；陆凯等基于 GM（1，4）模型测算机体的研制生产费用[141]；梁庆文等用 GM（1，6）模型测算鱼雷的寿命周期费用[142]；但是 GM（1，N）模型只能用于时间序列数据，陆凯等[141]、梁庆文等[142]将 GM（1，N）模型用于横截面数据，只能拟合，不能预测。顾晓辉等基于 GM（0，h）模型估算某弹箭系统的研制费用[143]；杨梅英和沈梅子利用 GM（0，h）模型估算了发动机研制费用，结果精度较高[144]。三是混合灰色模型的应用，郭雷等建立以 GM（0，h）模型为主体模型，GM（1，1）模型为残差修正模型的工备寿命周期费用预测模型[145]；段经纬等建立了GM（1，1）和线性回归两者的装备使用保障费用测算模型[146]；解建喜等先用理论灰色关联度筛选关键参数，然后运用等工程价值比方法测算某飞行器的生成费用[147]；梁庆文等用二网络修正等维新息GM（1，1）的残差，并预测了鱼雷的维修费用[148]；谢力等基于2阶强化缓冲算子处理后的GM（1，1）模型预测某型号装备修理价格[149]。

2. 其他参数估算法的研究

由于复杂装备费用预测呈现出样本少和费用影响因素繁多的特点，偏最小二乘法被广泛应用到其各种费用的预测[150~153]；支持向量机及其改进模型[154~157]和各种神经网络方法[158~160]都被广泛应用到各种装备费用的预测，但是支持向量机及其改进模型和各种神经网络方法所需要的样本量相对较大；钟诗胜等[161]、张敏芳等[162]研究了小样本条件下装备费用测算的模型；赵英俊[163]、曹龙和刘晓东[164]分别用等工程价值比方法测算防空导弹和远程轰炸机研制费用；由于费用相关参数存在的不确定性，许多处理不确定系统的费用估算方法也不断涌现[165~168]。

1.3 主要研究方法

对灰色系统建模技术进行综合创新，遵循“提出问题、解决问题、实例验证”的逻辑顺序，运用如下研究方法。

（1）充分利用已有研究成果，继承灰色系统理论的精华。

（2）将“分数阶”的思想贯穿整篇文章，改进和升华现有灰色系统建模理论。

（3）通过实例与已有成果进行对比，将新型灰色建模技术应用到复杂装备费用预测中。

第 2 章　分数阶累加灰色预测模型

自我国学者邓聚龙教授提出灰色预测理论以来，它已被广泛应用于众多领域。但作为诞生不久的学科，其理论还不完善。例如，当数据有微小误差时，对于模型参数的辨识产生怎样的影响？为什么灰色预测理论适用于“小样本”建模，不适用于“大样本”建模？本章将以离散灰色模型为例，利用矩阵扰动理论证明灰色整数阶累加方法在扰动相等的情况下，原始序列样本量较大，解的扰动界较大，样本量较小，解的扰动界较小。

分数阶蕴含一种“in between”思想，得到越来越多学者的关注[169~171]，在本章中，为了使灰色预测模型解的扰动界变小，提出了分数阶累加灰色预测模型。

2.1　基于一阶累加建模解的扰动分析

定理 2.1.1[172, 173]　设$\boldsymbol{A}\in C^{m\times n}, b\in C^{m}$，$\boldsymbol{A}^{\dagger}$是矩阵$\boldsymbol{A}$的广义逆，$\boldsymbol{A}$的列向量线性无关时，线性最小二乘问题

$$\|\boldsymbol{A}x-b\|_2=\min$$

有唯一的解$x=\boldsymbol{A}^{\dagger}b$。

定理 2.1.2[172, 173]　设$\boldsymbol{A}\in C^{m\times n}, b\in C^{m}$，$\boldsymbol{A}^{\dagger}$是矩阵$\boldsymbol{A}$的广义逆，$\boldsymbol{B}=\boldsymbol{A}+\boldsymbol{E}$，$c=b+k\in C^{m}$。又设线性最小二乘问题

$$\|\boldsymbol{B}x-c\|_2=\min$$

与

$$\|\boldsymbol{A}x-b\|_2=\min$$

的解分别为$x+h$和x。如果$\operatorname{rank}(\boldsymbol{A})=\operatorname{rank}(\boldsymbol{B})=n$，且$\|\boldsymbol{A}^{\dagger}\|_2\|\boldsymbol{E}\|_2<1$时，有

$$\|h\|\leqslant\frac{\kappa_{\dagger}}{\gamma_{\dagger}}\left(\frac{\|\boldsymbol{E}\|_2}{\|\boldsymbol{A}\|}\|x\|+\frac{\|k\|}{\|\boldsymbol{A}\|}+\frac{\kappa_{\dagger}}{\gamma_{\dagger}}\frac{\|\boldsymbol{E}\|_2}{\|\boldsymbol{A}\|}\frac{\|r_x\|}{\|\boldsymbol{A}\|}\right)$$

其中，$\kappa_{\dagger}=\left\|\boldsymbol{A}^{\dagger}\right\|_{2}\|\boldsymbol{A}\|$，$\gamma_{\dagger}=1-\left\|\boldsymbol{A}^{\dagger}\right\|_{2}\|\boldsymbol{E}\|_{2}$，$r_{x}=b-\boldsymbol{A}x$。

定理 2.1.3　离散灰色模型 $x^{(1)}(k+1)=\beta_{1}x^{(1)}(k)+\beta_{2}$ 参数的最小二乘估计满足

$$\begin{bmatrix}\beta_{2}\\ \beta_{1}\end{bmatrix}=(\boldsymbol{B}^{\mathrm{T}}\boldsymbol{B})^{-1}\boldsymbol{B}^{\mathrm{T}}\boldsymbol{Y}$$

其中

$$\boldsymbol{B}=\begin{bmatrix}1 & x^{(1)}(1)\\ 1 & x^{(1)}(2)\\ \vdots & \vdots\\ 1 & x^{(1)}(n-2)\\ 1 & x^{(1)}(n-1)\end{bmatrix},\ \boldsymbol{Y}=\begin{bmatrix}x^{(1)}(2)\\ x^{(1)}(3)\\ \vdots\\ x^{(1)}(n-1)\\ x^{(1)}(n)\end{bmatrix}$$

定理 2.1.4　按照最小二乘法

$$\min\|\boldsymbol{B}x-\boldsymbol{Y}\|_{2} \tag{2.1}$$

离散灰色模型 $x^{(1)}(k+1)=\beta_{1}x^{(1)}(k)+\beta_{2}$ 的解为 x。如果只发生扰动 $\hat{x}^{(0)}(1)=x^{(0)}(1)+\varepsilon$，则

$$\hat{\boldsymbol{B}}=\boldsymbol{B}+\Delta\boldsymbol{B}=\begin{bmatrix}1 & x^{(1)}(1)\\ 1 & x^{(1)}(2)\\ \vdots & \vdots\\ 1 & x^{(1)}(n-1)\end{bmatrix}+\begin{bmatrix}0 & \varepsilon\\ 0 & \varepsilon\\ \vdots & \vdots\\ 0 & \varepsilon\end{bmatrix},\ \hat{\boldsymbol{Y}}=\boldsymbol{Y}+\Delta\boldsymbol{Y}=\begin{bmatrix}x^{(1)}(2)\\ x^{(1)}(3)\\ \vdots\\ x^{(1)}(n)\end{bmatrix}+\begin{bmatrix}\varepsilon\\ \varepsilon\\ \vdots\\ \varepsilon\end{bmatrix}$$

最小二乘问题

$$\min\left\|\hat{\boldsymbol{B}}x-\hat{\boldsymbol{Y}}\right\|_{2}$$

的解为 $\hat{x}$，解的扰动为 Δx。设 $\operatorname{rank}(\boldsymbol{B})=\operatorname{rank}(\hat{\boldsymbol{B}})=2$，且 $\left\|\boldsymbol{B}^{+}\right\|_{2}\|\Delta\boldsymbol{B}\|_{2}<1$，则

$$\|\Delta x\|\leqslant\sqrt{n-1}|\varepsilon|\frac{\kappa_{\dagger}}{\gamma_{\dagger}}\left(\frac{\|x\|}{\|\boldsymbol{B}\|}+\frac{1}{\|\boldsymbol{B}\|}+\frac{\kappa_{\dagger}}{\gamma_{\dagger}}\frac{1}{\|\boldsymbol{B}\|}\frac{\|r_{x}\|}{\|\boldsymbol{B}\|}\right)$$

证明：显然 $\boldsymbol{B}$ 的列向量线性无关，如果 $\boldsymbol{B}$ 的列向量线性相关，研究这样的序列无意义。因此问题（2.1）有唯一的解 $x=\boldsymbol{Y}^{\dagger}b$。由于

$$\|\Delta\boldsymbol{Y}\|_{2}=\sqrt{(n-1)|\varepsilon|^{2}}=\sqrt{n-1}|\varepsilon|$$

$$\Delta\boldsymbol{B}^{\mathrm{T}}\Delta\boldsymbol{B}=\begin{bmatrix}0 & 0\\ 0 & \sum\limits_{i=1}^{n-1}\varepsilon^{2}\end{bmatrix}$$

因为 $\|\Delta\boldsymbol{B}\|_{2}=\sqrt{\lambda_{\max}(\Delta\boldsymbol{B}^{\mathrm{T}}\Delta\boldsymbol{B})}$，得 $\Delta\boldsymbol{B}^{\mathrm{T}}\Delta\boldsymbol{B}$ 的最大特征根为 $(n-1)\varepsilon^{2}$，所以 $\|\Delta\boldsymbol{B}\|_{2}=\sqrt{n-1}|\varepsilon|$。

由定理 2.1.2 得

$$\|\Delta x\| \leqslant \frac{\kappa_\dagger}{\gamma_\dagger}\left(\frac{\|\Delta \boldsymbol{B}\|_2}{\|\boldsymbol{B}\|}\|x\| + \frac{\|\Delta \boldsymbol{Y}\|}{\|\boldsymbol{B}\|} + \frac{\kappa_\dagger}{\gamma_\dagger}\frac{\|\Delta \boldsymbol{B}\|_2}{\|\boldsymbol{B}\|}\frac{\|r_x\|}{\|\boldsymbol{B}\|}\right) = \sqrt{n-1}|\varepsilon|\frac{\kappa_\dagger}{\gamma_\dagger}\left(\frac{\|x\|}{\|\boldsymbol{B}\|} + \frac{1}{\|\boldsymbol{B}\|} + \frac{\kappa_\dagger}{\gamma_\dagger}\frac{1}{\|\boldsymbol{B}\|}\frac{\|r_x\|}{\|\boldsymbol{B}\|}\right)$$

即扰动 $\hat{x}^{(0)}(1) = x^{(0)}(1) + \varepsilon$ 时，解的扰动界记为

$$L[x^{(0)}(1)] = \sqrt{n-1}|\varepsilon|\frac{\kappa_\dagger}{\gamma_\dagger}\left(\frac{\|x\|}{\|\boldsymbol{B}\|} + \frac{1}{\|\boldsymbol{B}\|} + \frac{\kappa_\dagger}{\gamma_\dagger}\frac{1}{\|\boldsymbol{B}\|}\frac{\|r_x\|}{\|\boldsymbol{B}\|}\right)$$

定理 2.1.5　其他条件如定理 2.1.1、定理 2.1.2 和定理 2.1.4，如果只发生扰动 $\hat{x}^{(0)}(2) = x^{(0)}(2) + \varepsilon$ 时，解的扰动界为 $L[x^{(0)}(2)] = |\varepsilon|\frac{\kappa_\dagger}{\gamma_\dagger}\left(\frac{\sqrt{n-2}\|x\|}{\|\boldsymbol{B}\|} + \frac{\sqrt{n-1}}{\|\boldsymbol{B}\|} + \frac{\kappa_\dagger}{\gamma_\dagger}\frac{\sqrt{n-2}}{\|\boldsymbol{B}\|}\frac{\|r_x\|}{\|\boldsymbol{B}\|}\right)$；依次类推，如果只发生扰动 $\hat{x}^{(0)}(r) = x^{(0)}(r) + \varepsilon$ 时，解的扰动界为

$$L[x^{(0)}(r)] = |\varepsilon|\frac{\kappa_\dagger}{\gamma_\dagger}\left(\frac{\sqrt{n-r}\|x\|}{\|\boldsymbol{B}\|} + \frac{\sqrt{n-r+1}}{\|\boldsymbol{B}\|} + \frac{\kappa_\dagger}{\gamma_\dagger}\frac{\sqrt{n-r}}{\|\boldsymbol{B}\|}\frac{\|r_x\|}{\|\boldsymbol{B}\|}\right), r = 3, 4, \cdots, n-1$$

如果只发生扰动 $\hat{x}^{(0)}(n) = x^{(0)}(n) + \varepsilon$ 时，解的扰动界为

$$L[x^{(0)}(n)] = \frac{\kappa_\dagger}{\gamma_\dagger}\frac{|\varepsilon|}{\|\boldsymbol{B}\|}$$

证明：如果只发生扰动 $\hat{x}^{(0)}(2) = x^{(0)}(2) + \varepsilon$ 时，

$$\Delta \boldsymbol{B} = \begin{bmatrix} 0 & 0 \\ 0 & \varepsilon \\ \vdots & \vdots \\ 0 & \varepsilon \end{bmatrix}, \quad \Delta \boldsymbol{Y} = \begin{bmatrix} \varepsilon \\ \varepsilon \\ \vdots \\ \varepsilon \end{bmatrix}$$

同理，解的扰动界为 $L[x^{(0)}(2)] = |\varepsilon|\frac{\kappa_\dagger}{\gamma_\dagger}\left(\frac{\sqrt{n-2}\|x\|}{\|\boldsymbol{B}\|} + \frac{\sqrt{n-1}}{\|\boldsymbol{B}\|} + \frac{\kappa_\dagger}{\gamma_\dagger}\frac{\sqrt{n-2}}{\|\boldsymbol{B}\|}\frac{\|r_x\|}{\|\boldsymbol{B}\|}\right)$

如果只发生扰动 $\hat{x}^{(0)}(r) = x^{(0)}(r) + \varepsilon (r = 3, 4, \cdots, n-1)$ 时，$\Delta \boldsymbol{B}$ 和 $\Delta \boldsymbol{Y}$ 也变化，可得

$$L[x^{(0)}(r)] = |\varepsilon|\frac{\kappa_\dagger}{\gamma_\dagger}\left(\frac{\sqrt{n-r}\|x\|}{\|\boldsymbol{B}\|} + \frac{\sqrt{n-r+1}}{\|\boldsymbol{B}\|} + \frac{\kappa_\dagger}{\gamma_\dagger}\frac{\sqrt{n-r}}{\|\boldsymbol{B}\|}\frac{\|r_x\|}{\|\boldsymbol{B}\|}\right), r = 3, 4, \cdots, n-1$$

如果只发生扰动 $\hat{x}^{(0)}(n) = x^{(0)}(n) + \varepsilon$ 时，

$$\Delta \boldsymbol{B} = \begin{bmatrix} 0 & 0 \\ 0 & 0 \\ \vdots & \vdots \\ 0 & 0 \end{bmatrix}, \quad \Delta \boldsymbol{Y} = \begin{bmatrix} 0 \\ 0 \\ \vdots \\ \varepsilon \end{bmatrix}$$

解的扰动界为

$$L[x^{(0)}(n)]=\frac{\kappa_{\dagger}}{\gamma_{\dagger}}\frac{|\varepsilon|}{\|\boldsymbol{B}\|}$$

得证。

从 $L[x^{(0)}(1)]=\sqrt{n-1}|\varepsilon|\frac{\kappa_{\dagger}}{\gamma_{\dagger}}\left(\frac{\|x\|}{\|\boldsymbol{B}\|}+\frac{1}{\|\boldsymbol{B}\|}+\frac{\kappa_{\dagger}}{\gamma_{\dagger}}\frac{1}{\|\boldsymbol{B}\|}\frac{\|r_x\|}{\|\boldsymbol{B}\|}\right)$ 可以看出 $L[x^{(0)}(1)]$ 是关于原始序列样本量 n 的增函数，即原始序列样本量较大，解的扰动界 $L[x^{(0)}(1)]$ 较大。对于扰动界 $L[x^{(0)}(r)]=|\varepsilon|\frac{\kappa_{\dagger}}{\gamma_{\dagger}}\left(\frac{\sqrt{n-r}\|x\|}{\|\boldsymbol{B}\|}+\frac{\sqrt{n-r+1}}{\|\boldsymbol{B}\|}+\frac{\kappa_{\dagger}}{\gamma_{\dagger}}\frac{\sqrt{n-r}}{\|\boldsymbol{B}\|}\frac{\|r_x\|}{\|\boldsymbol{B}\|}\right), r=2,3,\cdots,n-1$，也是原始序列样本量较大，解的扰动界 $L[x^{(0)}(r)]$ 较大。虽然解的扰动界大，并不意味扰动一定大，扰动不超过扰动界；但是随着原始序列样本量变大，解的扰动界变大，给人一种美中不足的感觉。由于原始序列样本量较小，解的扰动界较小，所以从扰动界大小的角度看，离散灰色模型适合于小样本建模。

当 n 固定时，扰动界

$$L[x^{(0)}(r)]=|\varepsilon|\frac{\kappa_{\dagger}}{\gamma_{\dagger}}\left(\frac{\sqrt{n-r}\|x\|}{\|\boldsymbol{B}\|}+\frac{\sqrt{n-r+1}}{\|\boldsymbol{B}\|}+\frac{\kappa_{\dagger}}{\gamma_{\dagger}}\frac{\sqrt{n-r}}{\|\boldsymbol{B}\|}\frac{\|r_x\|}{\|\boldsymbol{B}\|}\right), r=2,3,\cdots,n-1$$

是 r 的减函数。在扰动相等的情况下，扰动界越大说明其对参数估计值的影响越大，$L[x^{(0)}(2)]>L[x^{(0)}(3)]>\cdots>L[x^{(0)}(n-1)]$，说明 $x^{(0)}(2)$ 对参数估计值的影响最大，$x^{(0)}(n-1)$ 对参数估计值的影响最小，这与灰色系统理论中新信息优先原理相违背。

这是由于在矩阵 $\boldsymbol{B}$ 的第二列中，每个元素都含有 $x^{(0)}(1)$，元素 $\boldsymbol{B}_{i2}(i=2,3,\cdots,n-1)$ 都含有 $x^{(0)}(2)$，元素 $\boldsymbol{B}_{i2}(i=3,4,\cdots,n-1)$ 都含有 $x^{(0)}(3)$，以此类推，元素 $\boldsymbol{B}_{i2}(i=n-2,n-1)$ 都含有 $x^{(0)}(n-2)$，只有元素 $\boldsymbol{B}_{(n-1)2}$ 含有 $x^{(0)}(n-1)$；在矩阵 $\boldsymbol{Y}$ 中，每个元素都含有 $x^{(0)}(2)$，元素 $\boldsymbol{Y}_i(i=2,3,\cdots,n-1)$ 都含有 $x^{(0)}(3)$，元素 $\boldsymbol{Y}_i(i=3,4,\cdots,n-1)$ 都含有 $x^{(0)}(4)$，以此类推，元素 $\boldsymbol{Y}_i(i=n-2,n-1)$ 都含有 $x^{(0)}(n-1)$，只有元素 $\boldsymbol{Y}_{n-1}$ 含有 $x^{(0)}(n)$。综上所述，越新的数据在矩阵 $\boldsymbol{B}$ 和矩阵 $\boldsymbol{Y}$ 中出现的次数越少，所以越新的数据对参数估计值的影响越小。同理可得，当累加阶数越高，越新的数据在矩阵 $\boldsymbol{B}$ 和矩阵 $\boldsymbol{Y}$ 中出现的次数越少，越老的数据反而出现的次数越多，也就越不能体现新信息优先的原则。所以从新信息优先的角度考虑，累加阶数不应过高。

2.2　基于分数阶累加的离散灰色预测模型

为了使灰色预测模型解的扰动界变小，本章提出了分数阶累加灰色模型。

定理 2.2.1　设非负序列 $X^{(0)}=(x^{(0)}(1),x^{(0)}(2),\cdots,x^{(0)}(n))$, $x^{(r)}(k)=\sum_{i=1}^{k}x^{(r-1)}(i)$ 是 r 阶累加算子，则 $x^{(r)}(k)=\sum_{i=1}^{k}\mathrm{C}_{k-i+r-1}^{k-i}x^{(0)}(i)$, $\mathrm{C}_{r-1}^{0}=1,\mathrm{C}_{k}^{k+1}=0$, 其中，$r$ 是整数，$k=1,2,\cdots,n$，记为 $X^{(r)}=(x^{(r)}(1),\ x^{(r)}(2),\cdots,x^{(r)}(n))$。

证明：用数学归纳法证明。当 $r=0$, 由于 $\mathrm{C}_{r-1}^{0}=1,\mathrm{C}_{k}^{k+1}=0$, $x^{(0)}(k)=x^{(0)}(k)$。

当 $r=1$, $x^{(1)}(k)=\sum_{i=1}^{k}\mathrm{C}_{k-i}^{k-i}x^{(0)}(i)=\sum_{i=1}^{k}x^{(0)}(i)$。假设 $r=2$ 时，

$$x^{(2)}(k)=\sum_{i=1}^{k}x^{(1)}(i)=\left[x^{(0)}(1),x^{(0)}(2),\cdots,x^{(0)}(n)\right]\begin{bmatrix}1&1&\cdots&1&1\\0&1&\cdots&1&1\\\vdots&\vdots&&\vdots&\vdots\\0&0&\cdots&1&1\\0&0&\cdots&0&1\end{bmatrix}\begin{bmatrix}1&1&\cdots&1&1\\0&1&\cdots&1&1\\\vdots&\vdots&&\vdots&\vdots\\0&0&\cdots&1&1\\0&0&\cdots&0&1\end{bmatrix}$$

$$=\left[x^{(0)}(1),x^{(0)}(2),\cdots,x^{(0)}(n)\right]\begin{bmatrix}1&2&\cdots&n-1&n\\0&1&\cdots&n-2&n-1\\\vdots&\vdots&&\vdots&\vdots\\0&0&\cdots&1&2\\0&0&\cdots&0&1\end{bmatrix}$$

$$=\left[x^{(0)}(1),x^{(0)}(2),\cdots,x^{(0)}(n)\right]\begin{bmatrix}1&\mathrm{C}_{2}^{1}&\cdots&\mathrm{C}_{n-1}^{n-2}&\mathrm{C}_{n-1}^{n}\\0&1&\cdots&\mathrm{C}_{n-2}^{n-3}&\mathrm{C}_{n-1}^{n-2}\\\vdots&\vdots&&\vdots&\vdots\\0&0&\cdots&1&\mathrm{C}_{2}^{1}\\0&0&\cdots&0&1\end{bmatrix}$$

$$=\sum_{i=1}^{k}\mathrm{C}_{k-i+1}^{k-i}x^{(0)}(i)$$

假设 $r=m$ 时，

$$x^{(m)}(k)=\left[x^{(0)}(1),x^{(0)}(2),\cdots,x^{(0)}(n)\right]\begin{bmatrix}1&1&\cdots&1&1\\0&1&\cdots&1&1\\\vdots&\vdots&&\vdots&\vdots\\0&0&\cdots&1&1\\0&0&\cdots&0&1\end{bmatrix}^m$$

$$=\left[x^{(0)}(1),x^{(0)}(2),\cdots,x^{(0)}(n)\right]\begin{bmatrix}1&\mathrm{C}_m^1&\cdots&\mathrm{C}_{m+n-3}^{n-2}&\mathrm{C}_{m+n-2}^{n-1}\\0&1&\cdots&\mathrm{C}_{m+n-4}^{n-3}&\mathrm{C}_{m+n-3}^{n-2}\\\vdots&\vdots&&\vdots&\vdots\\0&0&\cdots&1&\mathrm{C}_m^1\\0&0&\cdots&0&1\end{bmatrix}$$

$$=\sum_{i=1}^{k}\mathrm{C}_{m+k-i-1}^{k-i}x^{(0)}(i)$$

则当$r=m+1$时，因为$\mathrm{C}_{m-1}^0=\mathrm{C}_m^0$，$\mathrm{C}_m^p+\mathrm{C}_m^{p-1}=\mathrm{C}_{m+1}^p$，有

$$x^{(m+1)}(k)=\left[x^{(0)}(1),x^{(0)}(2),\cdots,x^{(0)}(n)\right]\begin{bmatrix}1&1&\cdots&1&1\\0&1&\cdots&1&1\\\vdots&\vdots&&\vdots&\vdots\\0&0&\cdots&1&1\\0&0&\cdots&0&1\end{bmatrix}^{m+1}$$

$$=\left[x^{(0)}(1),x^{(0)}(2),\cdots,x^{(0)}(n)\right]\begin{bmatrix}1&\mathrm{C}_m^1&\cdots&\mathrm{C}_{m+n-3}^{n-2}&\mathrm{C}_{m+n-2}^{n-1}\\0&1&\cdots&\mathrm{C}_{m+n-4}^{n-3}&\mathrm{C}_{m+n-3}^{n-2}\\\vdots&\vdots&&\vdots&\vdots\\0&0&\cdots&1&\mathrm{C}_m^1\\0&0&\cdots&0&1\end{bmatrix}\begin{bmatrix}1&1&\cdots&1&1\\0&1&\cdots&1&1\\\vdots&\vdots&&\vdots&\vdots\\0&0&\cdots&1&1\\0&0&\cdots&0&1\end{bmatrix}$$

$$=\left[x^{(0)}(1),x^{(0)}(2),\cdots,x^{(0)}(n)\right]\begin{bmatrix}1&\mathrm{C}_m^1+\mathrm{C}_m^0&\cdots&\sum\limits_{i=0}^{n-3}\mathrm{C}_{m+i}^{i+1}&\sum\limits_{i=0}^{n-2}\mathrm{C}_{m+i}^{i+1}\\0&1&\cdots&\sum\limits_{i=0}^{n-4}\mathrm{C}_{m+i}^{i+1}&\sum\limits_{i=0}^{n-3}\mathrm{C}_{m+i}^{i+1}\\\vdots&\vdots&&\vdots&\vdots\\0&0&\cdots&1&\mathrm{C}_m^1+\mathrm{C}_m^0\\0&0&\cdots&0&1\end{bmatrix}$$

$$=\sum_{i=1}^{k}\mathrm{C}_{k-i+r-1}^{k-i}x^{(0)}(i)$$

命题得证。

定义 2.2.1　设非负序列 $X^{(0)}=(x^{(0)}(1),x^{(0)}(2),\cdots,x^{(0)}(n))$，称

$$x^{(\frac{p}{q})}(k)=\sum_{i=1}^{k}\mathrm{C}_{k-i+\frac{p}{q}-1}^{k-i}x^{(0)}(i)$$

为 $\frac{p}{q}\left(0<\frac{p}{q}<1\right)$ 阶累加算子，规定 $\mathrm{C}_{\frac{p}{q}-1}^{0}=1,\mathrm{C}_{k}^{k+1}=0,k=0,1,\cdots,n-1,$

$$\mathrm{C}_{k-i+\frac{p}{q}-1}^{k-i}=\frac{\left(k-i+\frac{p}{q}-1\right)\left(k-i+\frac{p}{q}-2\right)\cdots\left(\frac{p}{q}+1\right)\frac{p}{q}}{(k-i)!}$$

称 $X^{(\frac{p}{q})}=(x^{(\frac{p}{q})}(1),x^{(\frac{p}{q})}(2),\cdots,x^{(\frac{p}{q})}(n))$ 为 $\frac{p}{q}\left(0<\frac{p}{q}<1\right)$ 阶累加序列。

定义 2.2.2　设非负序列 $X^{(0)}=(x^{(0)}(1),x^{(0)}(2),\cdots,x^{(0)}(n))$，称

$$\alpha^{(1)}x^{(1-\frac{p}{q})}(k)=x^{(1-\frac{p}{q})}(k)-x^{(1-\frac{p}{q})}(k-1)$$

为 $\frac{p}{q}\left(0<\frac{p}{q}<1\right)$ 阶累减算子。称

$$\alpha^{(\frac{p}{q})}X^{(0)}=\alpha^{(1)}X^{(1-\frac{p}{q})}=(\alpha^{(1)}x^{(1-\frac{p}{q})}(1),\alpha^{(1)}x^{(1-\frac{p}{q})}(2),\cdots,\alpha^{(1)}x^{(1-\frac{p}{q})}(n))$$

为 $\frac{p}{q}\left(0<\frac{p}{q}<1\right)$ 阶累减序列。

定义 2.2.3　设非负序列 $X^{(0)}=(x^{(0)}(1),x^{(0)}(2),\cdots,x^{(0)}(n))$，$\frac{p}{q}\left(0<\frac{p}{q}<1\right)$ 阶累加序列为 $X^{(\frac{p}{q})}=(x^{(\frac{p}{q})}(1),x^{(\frac{p}{q})}(2),\cdots,x^{(\frac{p}{q})}(n))$，称

$$x^{(\frac{p}{q})}(k+1)=\beta_1 x^{(\frac{p}{q})}(k)+\beta_2,k=1,2,\cdots,n-1 \tag{2.2}$$

为 $\frac{p}{q}$ 阶累加离散灰色模型。

定理 2.2.2　离散灰色模型 $x^{(\frac{p}{q})}(k+1)=\beta_1 x^{(\frac{p}{q})}(k)+\beta_2$ 参数的最小二乘估计满足

$$\begin{bmatrix}\beta_2\\ \beta_1\end{bmatrix}=(\boldsymbol{B}^{\mathrm{T}}\boldsymbol{B})^{-1}\boldsymbol{B}^{\mathrm{T}}\boldsymbol{Y}$$

其中

$$
\boldsymbol{B}=\begin{bmatrix} 1 & x^{(\frac{p}{q})}(1) \\ 1 & x^{(\frac{p}{q})}(2) \\ \vdots & \vdots \\ 1 & x^{(\frac{p}{q})}(n-2) \\ 1 & x^{(\frac{p}{q})}(n-1) \end{bmatrix},\qquad \boldsymbol{Y}=\begin{bmatrix} x^{(\frac{p}{q})}(2) \\ x^{(\frac{p}{q})}(3) \\ \vdots \\ x^{(\frac{p}{q})}(n-1) \\ x^{(\frac{p}{q})}(n) \end{bmatrix}
$$

定理 2.2.3　按照最小二乘法

$$
\min\left\|\boldsymbol{B}x-\boldsymbol{Y}\right\|_2
$$

离散灰色模型 $x^{(\frac{p}{q})}(k+1)=\beta_1 x^{(\frac{p}{q})}(k)+\beta_2$ 的解为 x。如果只发生扰动 $\hat{x}^{(0)}(1)=x^{(0)}(1)+\varepsilon$，则

$$
\hat{\boldsymbol{B}}=\boldsymbol{B}+\Delta\boldsymbol{B}=\begin{bmatrix} 1 & x^{(\frac{p}{q})}(1) \\ 1 & x^{(\frac{p}{q})}(2) \\ \vdots & \vdots \\ 1 & x^{(\frac{p}{q})}(n-1) \end{bmatrix}+\begin{bmatrix} 0 & \varepsilon \\ 0 & \frac{p}{q}\varepsilon \\ \vdots & \vdots \\ 0 & \mathrm{C}_{n-3+\frac{p}{q}}^{n-2}\varepsilon \end{bmatrix},\ \hat{\boldsymbol{Y}}=\boldsymbol{Y}+\Delta\boldsymbol{Y}=\begin{bmatrix} x^{(\frac{p}{q})}(2) \\ x^{(\frac{p}{q})}(3) \\ \vdots \\ x^{(\frac{p}{q})}(n) \end{bmatrix}+\begin{bmatrix} \frac{p}{q}\varepsilon \\ \mathrm{C}_{1+\frac{p}{q}}^{2}\varepsilon \\ \vdots \\ \mathrm{C}_{n-2+\frac{p}{q}}^{n-1}\varepsilon \end{bmatrix}
$$

最小二乘问题

$$
\min\left\|\hat{\boldsymbol{B}}x-\hat{\boldsymbol{Y}}\right\|_2
$$

的解为 $\hat{x}$，解的扰动为 Δx。设 $\operatorname{rank}(\boldsymbol{B})=\operatorname{rank}(\hat{\boldsymbol{B}})=2$，且 $\left\|\boldsymbol{B}^{\dagger}\right\|_2\left\|\Delta\boldsymbol{B}\right\|_2<1$，则

$$
\left\|\Delta x\right\|\leqslant|\varepsilon|\frac{\kappa_{\dagger}}{\gamma_{\dagger}}\left(\frac{\sqrt{\sum_{k=1}^{n-1}(\mathrm{C}_{k+\frac{p}{q}-2}^{k-1})^2}\left\|x\right\|}{\left\|\boldsymbol{B}\right\|}+\frac{\sqrt{\sum_{k=2}^{n}(\mathrm{C}_{k+\frac{p}{q}-2}^{k-1})^2}}{\left\|\boldsymbol{B}\right\|}+\frac{\kappa_{\dagger}}{\gamma_{\dagger}}\frac{\sqrt{\sum_{k=1}^{n-1}(\mathrm{C}_{k+\frac{p}{q}-2}^{k-1})^2}}{\left\|\boldsymbol{B}\right\|}\frac{\left\|r_x\right\|}{\left\|\boldsymbol{B}\right\|}\right)
$$

证明：如果只发生扰动 $\hat{x}^{(0)}(1)=x^{(0)}(1)+\varepsilon$，由于

$$
\left\|\Delta\boldsymbol{Y}\right\|_2=\sqrt{(\frac{p}{q})^2+(\mathrm{C}_{1+\frac{p}{q}}^{2})^2+\cdots+(\mathrm{C}_{n-2+\frac{p}{q}}^{n-1})^2}\,|\varepsilon|=\sqrt{\sum_{k=2}^{n}(\mathrm{C}_{k+\frac{p}{q}-2}^{k-1})^2}\,|\varepsilon|
$$

$$
\Delta\boldsymbol{B}^{\mathrm{T}}\Delta\boldsymbol{B}=\begin{bmatrix} 0 & 0 \\ 0 & [1+(\frac{p}{q})^2+(\mathrm{C}_{1+\frac{p}{q}}^{2})^2+\cdots+(\mathrm{C}_{n-3+\frac{p}{q}}^{n-2})^2]\varepsilon^2 \end{bmatrix}
$$

得$\Delta\boldsymbol{B}^{\mathrm{T}}\Delta\boldsymbol{B}$的最大特征根为$\left[1+\left(\frac{p}{q}\right)^2+\left(\mathrm{C}_{1+\frac{p}{q}}^{2}\right)^2+\cdots+\left(\mathrm{C}_{n-3+\frac{p}{q}}^{n-2}\right)^2\right]\varepsilon^2$，所以

$$\|\Delta\boldsymbol{B}\|_2=\sqrt{1+(\frac{p}{q})^2+(\mathrm{C}_{1+\frac{p}{q}}^{2})^2+\cdots+(\mathrm{C}_{n-3+\frac{p}{q}}^{n-2})^2}\,|\varepsilon|=\sqrt{\sum_{k=1}^{n-1}(\mathrm{C}_{k+\frac{p}{q}-2}^{k-1})^2}\,|\varepsilon|$$

由定理 2.1.2 得

$$\|\Delta x\|\leqslant\frac{\kappa_{\dagger}}{\gamma_{\dagger}}\left(\frac{\|\Delta\boldsymbol{B}\|_2}{\|\boldsymbol{B}\|}\|x\|+\frac{\|\Delta\boldsymbol{Y}\|}{\|\boldsymbol{B}\|}+\frac{\kappa_{\dagger}}{\gamma_{\dagger}}\frac{\|\Delta\boldsymbol{B}\|_2}{\|\boldsymbol{B}\|}\frac{\|r_x\|}{\|\boldsymbol{B}\|}\right)=$$
$$|\varepsilon|\frac{\kappa_{\dagger}}{\gamma_{\dagger}}\left(\frac{\sqrt{\sum_{k=1}^{n-1}(\mathrm{C}_{k+\frac{p}{q}-2}^{k-1})^2}\,\|x\|}{\|\boldsymbol{B}\|}+\frac{\sqrt{\sum_{k=2}^{n}(\mathrm{C}_{k+\frac{p}{q}-2}^{k-1})^2}}{\|\boldsymbol{B}\|}+\frac{\kappa_{\dagger}}{\gamma_{\dagger}}\frac{\sqrt{\sum_{k=1}^{n-1}(\mathrm{C}_{k+\frac{p}{q}-2}^{k-1})^2}}{\|\boldsymbol{B}\|}\frac{\|r_x\|}{\|\boldsymbol{B}\|}\right)$$

即扰动$\hat{x}^{(0)}(1)=x^{(0)}(1)+\varepsilon$时，模型（2.2）解的扰动界为

$$L[x^{(0)}(1)]=|\varepsilon|\frac{\kappa_{\dagger}}{\gamma_{\dagger}}\left(\frac{\sqrt{\sum_{k=1}^{n-1}(\mathrm{C}_{k+\frac{p}{q}-2}^{k-1})^2}\,\|x\|}{\|\boldsymbol{B}\|}+\frac{\sqrt{\sum_{k=2}^{n}(\mathrm{C}_{k+\frac{p}{q}-2}^{k-1})^2}}{\|\boldsymbol{B}\|}+\frac{\kappa_{\dagger}}{\gamma_{\dagger}}\frac{\sqrt{\sum_{k=1}^{n-1}(\mathrm{C}_{k+\frac{p}{q}-2}^{k-1})^2}}{\|\boldsymbol{B}\|}\frac{\|r_x\|}{\|\boldsymbol{B}\|}\right)$$

定理 2.2.4 其他条件如定理 2.2.3，如果只发生扰动$\hat{x}^{(0)}(r)=x^{(0)}(r)+\varepsilon,r=2,3,\cdots,n-1$时，模型（2.2）解的扰动界为

$$L[x^{(0)}(r)]$$
$$=|\varepsilon|\frac{\kappa_{\dagger}}{\gamma_{\dagger}}\left(\frac{\sqrt{\sum_{k=1}^{n-r}(\mathrm{C}_{k+\frac{p}{q}-2}^{k-1})^2}\,\|x\|}{\|\boldsymbol{B}\|}+\frac{\sqrt{\sum_{k=1}^{n-r+1}(\mathrm{C}_{k+\frac{p}{q}-2}^{k-1})^2}}{\|\boldsymbol{B}\|}+\frac{\kappa_{\dagger}}{\gamma_{\dagger}}\frac{\sqrt{\sum_{k=1}^{n-r}(\mathrm{C}_{k+\frac{p}{q}-2}^{k-1})^2}}{\|\boldsymbol{B}\|}\frac{\|r_x\|}{\|\boldsymbol{B}\|}\right),r=2,3,\cdots,n-1$$

如果只发生扰动$\hat{x}^{(0)}(n)=x^{(0)}(n)+\varepsilon$时，解的扰动界为

$$L[x^{(0)}(n)]=\frac{\kappa_{\dagger}}{\gamma_{\dagger}}\frac{|\varepsilon|}{\|\boldsymbol{B}\|}$$

证明：如果只发生扰动$\hat{x}^{(0)}(2)=x^{(0)}(2)+\varepsilon$时，

$$\Delta \boldsymbol{B}=\begin{bmatrix}0 & 0\\ 0 & \varepsilon\\ 0 & \frac{p}{q}\varepsilon\\ \vdots & \vdots\\ 0 & \mathrm{C}_{n-4+\frac{p}{q}}^{n-3}\varepsilon\end{bmatrix},\quad \Delta \boldsymbol{Y}=\begin{bmatrix}\varepsilon\\ \frac{p}{q}\varepsilon\\ \mathrm{C}_{1+\frac{p}{q}}^{2}\varepsilon\\ \vdots\\ \mathrm{C}_{n-1+\frac{p}{q}}^{n-2}\varepsilon\end{bmatrix}$$

解的扰动界

$$L[x^{(0)}(2)]=|\varepsilon|\frac{\kappa_{\dagger}}{\gamma_{\dagger}}\left(\frac{\sqrt{\sum_{k=1}^{n-2}(\mathrm{C}_{k+\frac{p}{q}-2}^{k-1})^2}\|x\|}{\|\boldsymbol{B}\|}+\frac{\sqrt{\sum_{k=1}^{n-1}(\mathrm{C}_{k+\frac{p}{q}-2}^{k-1})^2}}{\|\boldsymbol{B}\|}+\frac{\kappa_{\dagger}}{\gamma_{\dagger}}\frac{\sqrt{\sum_{k=1}^{n-2}(\mathrm{C}_{k+\frac{p}{q}-2}^{k-1})^2}}{\|\boldsymbol{B}\|}\frac{\|r_x\|}{\|\boldsymbol{B}\|}\right)$$

如果只发生扰动 $\hat{x}^{(0)}(r)=x^{(0)}(r)+\varepsilon, r=3,4,\cdots,n-1$ 时，$\Delta\boldsymbol{B}$ 和 $\Delta\boldsymbol{Y}$ 也变化，可得

$$L[x^{(0)}(r)]$$

$$=|\varepsilon|\frac{\kappa_{\dagger}}{\gamma_{\dagger}}\left(\frac{\sqrt{\sum_{k=1}^{n-r}(\mathrm{C}_{k+\frac{p}{q}-2}^{k-1})^2}\|x\|}{\|\boldsymbol{B}\|}+\frac{\sqrt{\sum_{k=1}^{n-r+1}(\mathrm{C}_{k+\frac{p}{q}-2}^{k-1})^2}}{\|\boldsymbol{B}\|}+\frac{\kappa_{\dagger}}{\gamma_{\dagger}}\frac{\sqrt{\sum_{k=1}^{n-r}(\mathrm{C}_{k+\frac{p}{q}-2}^{k-1})^2}}{\|\boldsymbol{B}\|}\frac{\|r_x\|}{\|\boldsymbol{B}\|}\right), r=3,4,\cdots,n-1$$

如果只发生扰动 $\hat{x}^{(0)}(n)=x^{(0)}(n)+\varepsilon$ 时，此时

$$\Delta \boldsymbol{B}=\begin{bmatrix}0 & 0\\ 0 & 0\\ \vdots & \vdots\\ 0 & 0\end{bmatrix}, \Delta \boldsymbol{Y}=\begin{bmatrix}0\\ 0\\ \vdots\\ \varepsilon\end{bmatrix}$$

解的扰动界为

$$L[x^{(0)}(n)]=\frac{\kappa_{\dagger}}{\gamma_{\dagger}}\frac{|\varepsilon|}{\|\boldsymbol{B}\|}$$

得证。

如果发生扰动 $\hat{x}^{(0)}(1)=x^{(0)}(1)+\varepsilon$，$\frac{p}{q}\left(0<\frac{p}{q}<1\right)$ 阶累加离散灰色模型解的扰动界为

$$|\varepsilon|\frac{\kappa_{\dagger}}{\gamma_{\dagger}}\left(\frac{\sqrt{\sum_{k=1}^{n-1}(\mathrm{C}_{k+\frac{p}{q}-2}^{k-1})^2}\|x\|}{\|\boldsymbol{B}\|}+\frac{\sqrt{\sum_{k=2}^{n}(\mathrm{C}_{k+\frac{p}{q}-2}^{k-1})^2}}{\|\boldsymbol{B}\|}+\frac{\kappa_{\dagger}}{\gamma_{\dagger}}\frac{\sqrt{\sum_{k=1}^{n-1}(\mathrm{C}_{k+\frac{p}{q}-2}^{k-1})^2}}{\|\boldsymbol{B}\|}\frac{\|r_x\|}{\|\boldsymbol{B}\|}\right)$$

和一阶累加离散灰色模型解的扰动界 $\sqrt{n-1}|\varepsilon|\frac{\kappa_{\dagger}}{\gamma_{\dagger}}\left(\frac{\|x\|}{\|\boldsymbol{B}\|}+\frac{1}{\|\boldsymbol{B}\|}+\frac{\kappa_{\dagger}}{\gamma_{\dagger}}\frac{1}{\|\boldsymbol{B}\|}\frac{\|r_x\|}{\|\boldsymbol{B}\|}\right)$ 比较，明显变小。如果只发生扰动 $\hat{x}^{(0)}(r)=x^{(0)}(r)+\varepsilon, r=2,3,\cdots,n-1$ 时，$\frac{p}{q}\left(0<\frac{p}{q}<1\right)$ 阶累加灰色模型解的扰动界和一阶累加灰色模型解的扰动界比较，都明显变小。这说明 $\frac{p}{q}(0<\frac{p}{q}<1)$ 阶累加灰色模型的解比较稳定。

$\frac{p}{q}$ 阶累加灰色模型的建模步骤如下：

Step 1：计算得到 $\frac{p}{q}$ 阶累加序列 $X^{(\frac{p}{q})}=(x^{(\frac{p}{q})}(1),x^{(\frac{p}{q})}(2),\cdots,x^{(\frac{p}{q})}(n))$；

Step 2：将 $x^{(\frac{p}{q})}(k),k=1,2,\cdots,n$ 代入式（2.2），采用最小二乘法估计参数 $\begin{bmatrix}\hat{\beta}_2\\ \hat{\beta}_1\end{bmatrix}$；

Step 3：利用 $x^{(\frac{p}{q})}(k)=\left(x^{(0)}(1)-\frac{\hat{\beta}_2}{1-\hat{\beta}_1}\right)\hat{\beta}_1^{(k-1)}+\frac{\hat{\beta}_2}{1-\hat{\beta}_1}$ 预测得到 $\hat{x}^{(\frac{p}{q})}(1)$，$\hat{x}^{(\frac{p}{q})}(2),\cdots$；

Step 4：对 $X^{(\frac{p}{q})}=(\hat{x}^{(\frac{p}{q})}(1),\hat{x}^{(\frac{p}{q})}(2),\cdots,\hat{x}^{(\frac{p}{q})}(n),\cdots)$ 作 $\frac{p}{q}$ 阶累减，即

$$\alpha^{(\frac{p}{q})}X^{(0)}=(\alpha^{(1)}\hat{x}^{(1-\frac{p}{q})}(1),\alpha^{(1)}\hat{x}^{(1-\frac{p}{q})}(2),\cdots,\alpha^{(1)}\hat{x}^{(1-\frac{p}{q})}(n),\alpha^{(1)}\hat{x}^{(1-\frac{p}{q})}(n+1),\cdots)$$

2.3 分数阶累加灰色模型与一阶累加灰色模型的比较

2.3.1 累加阶数对初值的影响

定理 2.3.1 离散灰色模型 $x^{(1)}(k+1)=\beta_1 x^{(1)}(k)+\beta_2$ 参数的最小二乘估计满足

$$\begin{bmatrix}\beta_1\\ \beta_2\end{bmatrix}=\begin{bmatrix}\dfrac{\sum_{k=1}^{n-1}x^{(1)}(k+1)x^{(1)}(k)-\frac{1}{n-1}\sum_{k=1}^{n-1}x^{(1)}(k+1)\sum_{k=1}^{n-1}x^{(1)}(k)}{\sum_{k=1}^{n-1}\left(x^{(1)}(k)\right)^2-\frac{1}{n-1}\left(\sum_{k=1}^{n-1}x^{(1)}(k)\right)^2}\\ \dfrac{1}{n-1}\left[\sum_{k=1}^{n-1}x^{(1)}(k+1)-\beta_1\sum_{k=1}^{n-1}x^{(1)}(k)\right]\end{bmatrix}$$

如果初值发生扰动 $\hat{x}^{(0)}(1)=x^{(0)}(1)+\varepsilon$ ，则模型的拟合值不变。

证明：如果只发生扰动 $\hat{x}^{(0)}(1)=x^{(0)}(1)+\varepsilon$ ，则

$$\beta_1=\frac{\sum_{k=1}^{n-1}(x^{(1)}(k+1)+\varepsilon)(x^{(1)}(k)+\varepsilon)-\frac{1}{n-1}\sum_{k=1}^{n-1}(x^{(1)}(k+1)+\varepsilon)\sum_{k=1}^{n-1}(x^{(1)}(k)+\varepsilon)}{\sum_{k=1}^{n-1}\left(x^{(1)}(k)+\varepsilon\right)^2-\frac{1}{n-1}\left(\sum_{k=1}^{n-1}x^{(1)}(k)+\varepsilon\right)^2}$$

$$=\frac{\sum_{k=1}^{n-1}x^{(1)}(k+1)x^{(1)}(k)+\varepsilon\sum_{k=1}^{n-1}(x^{(1)}(k+1)+x^{(1)}(k))+(n-1)\varepsilon^2-\left(\frac{1}{n-1}\sum_{k=1}^{n-1}x^{(1)}(k+1)+\varepsilon\right)\left(\sum_{k=1}^{n-1}x^{(1)}(k)+(n-1)\varepsilon\right)}{\sum_{k=1}^{n-1}x^{(1)}(k)^2+2\varepsilon\sum_{k=1}^{n-1}x^{(1)}(k)+(n-1)\varepsilon^2-\frac{1}{n-1}\left(\sum_{k=1}^{n-1}x^{(1)}(k)\right)^2-2\varepsilon\sum_{k=1}^{n-1}x^{(1)}(k)-(n-1)\varepsilon^2}$$

$$=\frac{\sum_{k=1}^{n-1}x^{(1)}(k+1)x^{(1)}(k)-\frac{1}{n-1}\sum_{k=1}^{n-1}x^{(1)}(k+1)\sum_{k=1}^{n-1}x^{(1)}(k)}{\sum_{k=1}^{n-1}\left(x^{(1)}(k)\right)^2-\frac{1}{n-1}\left(\sum_{k=1}^{n-1}x^{(1)}(k)\right)^2}$$

$$\beta_2=\frac{1}{n-1}\left[\sum_{k=1}^{n-1}x^{(1)}(k+1)+(n-1)\varepsilon-\beta_1\sum_{k=1}^{n-1}x^{(1)}(k)-\beta_1(n-1)\varepsilon\right]=\frac{1}{n-1}\left[\sum_{k=1}^{n-1}x^{(1)}(k+1)-\beta_1\sum_{k=1}^{n-1}x^{(1)}(k)\right]+(1-\beta_1)\varepsilon$$

拟合值为

$$\begin{aligned}\hat{x}^{(0)}(k+1)&=(\beta_1^k-\beta_1^{k-1})(x^{(0)}(1)-\frac{\beta_2}{1-\beta_1})\\ &=(\beta_1^k-\beta_1^{k-1})(x^{(0)}(1)+\varepsilon-\frac{\frac{1}{n-1}\left[\sum_{k=1}^{n-1}x^{(1)}(k+1)-\beta_1\sum_{k=1}^{n-1}x^{(1)}(k)\right]+(1-\beta_1)\varepsilon}{1-\beta_1})\\ &=(\beta_1^k-\beta_1^{k-1})(x^{(0)}(1)-\frac{\frac{1}{n-1}\left[\sum_{k=1}^{n-1}x^{(1)}(k+1)-\beta_1\sum_{k=1}^{n-1}x^{(1)}(k)\right]}{1-\beta_1})\end{aligned}$$

所以拟合值不变，得证。

实际上，由于传统的一阶序列累加，初值发生扰动 $\hat{x}^{(0)}(1)=x^{(0)}(1)+\varepsilon$ ，相当于 $x^{(1)}(k+1)$ 和 $x^{(1)}(k)$ 同时发生平移，一阶累加离散灰色模型变为 $x^{(1)}(k+1)+\varepsilon=\beta_1(x^{(1)}(k)+\varepsilon)+\beta_2$ ， $x^{(1)}(k)+\varepsilon$ 与 $x^{(1)}(k+1)+\varepsilon$ 彼此平行，所以参数 β_1 不变，加上初始条件选为 $x^{(0)}(1)$ ，所以拟合值不变。而对于分数阶累加离散灰色模型 $x^{(\frac{p}{q})}(k+1)=\beta_1x^{(\frac{p}{q})}(k)+\beta_2$ ，当初值发生扰动 $\hat{x}^{(0)}(1)=x^{(0)}(1)+\varepsilon$ 时， $x^{(1)}(k+1)$ 和 $x^{(1)}(k)$ 不同时发生平移，所以参数 β_1 发生变化，拟合值也就发生变化。灰色系统

理论的特点是强调最少信息的最大挖掘，要充分利用已有信息，但是一阶累加离散灰色模型没有利用初值，实为浪费；而分数阶累加离散灰色模型实现了最少信息的最大挖掘。

2.3.2 分数阶累加灰色模型的单调性

从 $\hat{x}^{(0)}(k+1)=\left(\beta_1^{k}-\beta_1^{k-1}\right)\left(x^{(0)}(1)-\dfrac{\beta_2}{1-\beta_1}\right)$ 可看出离散灰色模型是个单调性固定的指数模型，分数阶离散灰色模型的拟合值

$$\left[\hat{x}^{(0)}(1),\hat{x}^{(0)}(2),\cdots,\hat{x}^{(0)}(n)\right]=$$

$$\left[x^{(r)}(1),(\beta_1^{1}-1)(x^{(0)}(1)-\frac{\beta_2}{1-\beta_1}),\cdots,(\beta_1^{n-1}-\beta_1^{n-2})(x^{(0)}(1)-\frac{\beta_2}{1-\beta_1})\right]\begin{bmatrix}1 & -\mathrm{C}_r^1 & \cdots & (-1)^{n-1} & \mathrm{C}_r^{n-1}\\ 0 & 1 & \cdots & (-1)^{n-2} & \mathrm{C}_r^{n-2}\\ \vdots & \vdots & & \vdots & \vdots\\ 0 & 0 & \cdots & 1 & -\mathrm{C}_r^1\\ 0 & 0 & \cdots & 0 & 1\end{bmatrix}$$

这说明分数阶离散灰色模型的单调性可以根据实际数据的情况改变。对于传统的 GM（1，1）模型，也是个单调性固定的指数模型[174]，分数阶 GM（1，1）模型的单调性也可以根据实际数据的情况改变。

为了便于比较，采用文献[175]的实例，分别用2001~2006年的数据建立GM（1，1）、0.1阶累加DGM（1，1）模型，预测2007~2009年的数据，结果比较见表2.1。

表 2.1 台湾历年 CO_2 排放量

年份	实际数据/百万吨	GM（1，1）模型	0.1 阶累加 DGM（1，1）
2001	247.839	247.839	247.839
2002	273.021	277.15	272.32
2003	289.014	281.81	286.30
2004	285.208	286.54	292.35
2005	288.818	291.36	293.83
2006	297.078	296.26	292.84
平均相对误差绝对值/%		1.13	1.14
年份	实际数据/百万吨	GM（1，1）模型	0.1 阶累加 DGM（1，1）
2007	293.662	301.24	290.62
2008	290.404	306.30	287.86
2009	279.143	311.45	284.93
平均相对误差绝对值/%		6.54	1.33

从表 2.1 的对比来看，分数阶累加离散灰色模型在模拟效果略差于 GM（1，1）模型的情况下，预测效果明显优于 GM（1，1）模型。这说明 GM（1，1）模型未能挖掘数据的发展规律，而分数阶累加离散灰色模型能挖掘数据蕴含的变化趋势，随数据的单调变化而变化。

2.3.3 累加阶数对还原误差的影响

由于大多数的灰色系统预测模型是基于累加以后的数据建立模型，不是直接运用原始数据建模，因此就需要对数据进行累减还原，一阶累加对应的是一阶累减还原，r 阶累加对应的是 r 阶累减还原，以下定理将分析累加阶数对还原误差的影响。

定理 2.3.2 设非负原始序列 $X^{(0)}=(x^{(0)}(1),x^{(0)}(2),\cdots,x^{(0)}(n))$，$X^{(1)}=(x^{(1)}(1),x^{(1)}(2),\cdots,x^{(1)}(n))$ 是1阶累加生成序列，$\hat{X}^{(1)}=(\hat{x}^{(1)}(1),\hat{x}^{(1)}(2),\cdots,\hat{x}^{(1)}(n))$ 是1阶累加序列的拟合值，$\hat{X}^{(0)}=(\hat{x}^{(0)}(1),\hat{x}^{(0)}(2),\cdots,\hat{x}^{(0)}(n))$ 是非负原始序列的拟合值，如果 $\left|x^{(1)}(k)-\hat{x}^{(1)}(k)\right|<\varepsilon, k\in\{1,2,\cdots,n\}$，则

$$\left|x^{(0)}(k)-\hat{x}^{(0)}(k)\right|<2\varepsilon, k\in\{1,2,\cdots,n\}$$

证明：$\forall k\in\{1,2,\cdots,n\}, \left|x^{(1)}(k)-\hat{x}^{(1)}(k)\right|<\varepsilon$, 则

$$\begin{aligned}\left|x^{(0)}(k)-\hat{x}^{(0)}(k)\right|&=\left|x^{(0)}(k)-x^{(0)}(k-1)-(\hat{x}^{(0)}(k)-\hat{x}^{(0)}(k-1))\right|\\&=\left|x^{(0)}(k)-\hat{x}^{(0)}(k)+(\hat{x}^{(0)}(k-1)-x^{(0)}(k-1))\right|\\&<\left|x^{(0)}(k)-\hat{x}^{(0)}(k)\right|+\left|(\hat{x}^{(0)}(k-1)-x^{(0)}(k-1))\right|\\&<2\varepsilon\end{aligned}$$

得证。

定理 2.3.3 设非负原始序列 $X^{(0)}=(x^{(0)}(1),x^{(0)}(2),\cdots,x^{(0)}(n))$，$r$ 阶累加生成序列为 $X^{(r)}=(x^{(r)}(1),x^{(r)}(2),\cdots,x^{(r)}(n))$，$\hat{X}^{(r)}=(\hat{x}^{(r)}(1),\hat{x}^{(r)}(2),\cdots,\hat{x}^{(r)}(n))$ 是 r 阶累加生成序列的拟合值，$\hat{X}^{(0)}=(\hat{x}^{(0)}(1),\hat{x}^{(0)}(2),\cdots,\hat{x}^{(0)}(n))$ 是原始数据的拟合值，如果

$$\left|x^{(r)}(k)-\hat{x}^{(r)}(k)\right|<\varepsilon, k\in\{1,2,\cdots,n\},$$

则

$$\left|x^{(0)}(k)-\hat{x}^{(0)}(k)\right|<2^{r}\varepsilon, k\in\{1,2,\cdots,n\}$$

证明：因为 $x^{(r)}(k)=\sum_{i=1}^{k}\mathrm{C}_{k-i+r-1}^{k-i}x^{(0)}(i)$，得

$$\left[x^{(r)}(1), x^{(r)}(2), \cdots, x^{(r)}(n)\right]=\left[x^{(0)}(1), x^{(0)}(2), \cdots, x^{(0)}(n)\right]\begin{bmatrix}1 & \mathrm{C}_r^1 & \cdots & \mathrm{C}_{r+n-3}^{n-2} & \mathrm{C}_{r+n-2}^{n-1}\\ 0 & 1 & \cdots & \mathrm{C}_{r+n-4}^{n-3} & \mathrm{C}_{r+n-3}^{n-2}\\ \vdots & \vdots & & \vdots & \vdots\\ 0 & 0 & \cdots & 1 & \mathrm{C}_r^1\\ 0 & 0 & \cdots & 0 & 1\end{bmatrix}$$

设 $\mathrm{C}_r^m=0(m>r)$ ，则

$$\left[x^{(0)}(1), x^{(0)}(2), \cdots, x^{(0)}(n)\right]=\left[x^{(r)}(1), x^{(r)}(2), \cdots, x^{(r)}(n)\right]\begin{bmatrix}1 & 1 & \cdots & 1 & 1\\ 0 & 1 & \cdots & 1 & 1\\ \vdots & \vdots & & \vdots & \vdots\\ 0 & 0 & \cdots & 1 & 1\\ 0 & 0 & \cdots & 0 & 1\end{bmatrix}^{-r}$$

$$=\left[x^{(r)}(1), x^{(r)}(2), \cdots, x^{(r)}(n)\right]\begin{bmatrix}1 & -\mathrm{C}_r^1 & \cdots & (-1)^{n-1} & \mathrm{C}_r^{n-1}\\ 0 & 1 & \cdots & (-1)^{n-2} & \mathrm{C}_r^{n-2}\\ \vdots & \vdots & & \vdots & \vdots\\ 0 & 0 & \cdots & 1 & -\mathrm{C}_r^1\\ 0 & 0 & \cdots & 0 & 1\end{bmatrix}$$

即 $x^{(0)}(k)=\sum_{i=0}^{r}(-1)^i \mathrm{C}_r^i x^{(r)}(k-i)$ ， 如果 $\left|x^{(r)}(k)-\hat{x}^{(r)}(k)\right|<\varepsilon, k \in\{1,2, \cdots, n\}$ ， 同定理 2.3.2，可得

$$\left|x^{(0)}(k)-\hat{x}^{(0)}(k)\right|<\left|\mathrm{C}_r^0 \varepsilon\right|+\left|\mathrm{C}_r^1 \varepsilon\right|+\cdots+\left|\mathrm{C}_r^{r-1} \varepsilon\right|+\left|\mathrm{C}_r^r \varepsilon\right|=2^r \varepsilon, k \in\{1,2, \cdots, n\}$$

得证。

从定理 2.3.3 可以看出，累加阶数越高，还原误差就越大，为了减少还原误差，累加阶数不应过大。

2.4 实例分析

例 2.4.1 为计算简单，本例中分别取 $\frac{p}{q}=\frac{1}{2}$ 与 $\frac{p}{q}=\frac{2}{3}$，数据来自文献[176]，原始数据如表 2.2 所示。

表 2.2 江苏省 2003~2009 年货物周转量

年份	2003	2004	2005	2006	2007	2008	2009
$x^{(0)}(k)$ /亿吨公里	1 817.44	2 398.13	3 068.3	3 644.14	4 098.42	4 707.5	5 154.46

用 2003~2008 年的数据建立 1/2 阶累加离散灰色模型为

$$\hat{x}^{(0.5)}(k)=31\,750.48\times1.047\,897^{(k-1)}-29\,933$$

然后预测 2009 年的货物周转量，预测结果对比见表 2.3。而文献[176]采用新陈代谢GM（1，1），并对参数进行优化，最好的预测结果是4维GM（1，1）模型的结果，说明扰动界较小，预测精度较高。和文献[176]的结果比较说明本章的 1/2 阶累加离散灰色模型和 2/3 阶累加离散灰色模型都能提高建模精度。1/2 阶累加离散灰色模型比 2/3 阶累加离散灰色模型的预测精度高，也说明扰动界较小时，预测精度较高。

表 2.3　2009 年预测值比较

模型	1/2 阶累加离散灰色模型	2/3 阶累加离散灰色模型	4 维	5 维	6 维
预测值	5 236.45	5 303.33	5 330.03	5 405.56	5 567.84
平均相对误差绝对值/%	1.59	2.89	3.41	4.87	8.02

例 2.4.2　设数据序列

$$X^{(0)}=(247.839, 273.021, 289.014, 285.208, 288.818, 297.078)$$

试用数据建立 0.1 阶离散灰色模型。0.1 阶累加序列为

$$X^{(0.1)}=(247.839, 297.805, 329.947, 338.667, 351.141, 366.983)$$

得时间响应式为

$$\hat{x}^{(0.1)}(k+1)=-126.356\times0.610\,1^{k-1}+374.195$$

对 $\hat{x}^{(0.1)}(k)=(247.839, 297.105, 327.163, 345.501, 356.689, 363.515)$ 先作 0.9 阶，得

$$\hat{x}^{(1)}(k)=(247.839, 520.160, 806.460, 1\,098.811, 1\,392.639, 1\,685.479)$$

再作一次累减得

$$\hat{x}^{(0)}(k)=(247.839, 272.321, 286.299, 292.351, 293.828, 292.841)$$

表 2.4 是数据增长率的对比结果，从表 2.4 可以看出，原始数据的增长率是变化的，传统离散灰色模型拟合数据的增长率是固定的（第二个数据的增长率不同于其他数据，是因为传统离散灰色模型假定第一个数据的拟合值等于实际值），0.1 阶离散灰色模型拟合数据的增长率是变化的。这是分数阶离散灰色模型的一个特征。

表 2.4　数据增长率的比较

原始数据	增长率/%	离散灰色模型	增长率/%	0.1 阶离散灰色模型	增长率/%
247.839		247.839		247.839	
273.021	10.2	277.180	11.8	272.321	9.9
289.014	5.9	281.826	1.7	286.299	5.1

续表

原始数据	增长率/%	离散灰色模型	增长率/%	0.1 阶离散灰色模型	增长率/%
285.208	−1.3	286.550	1.7	292.351	2.1
288.818	1.3	291.353	1.7	293.828	0.5
297.078	2.9	296.236	1.7	292.841	−0.3

本章利用矩阵扰动理论证明了灰色一阶累加方法在扰动相等的情况下，原始序列样本量较大，解的扰动界较大，样本量较小，解的扰动界较小。并不是样本越小模型越好，模型的优劣包括模型的拟合和预测效果、模型的稳定性等。本章只是从稳定性的角度考虑，当样本量较小时，所建模型相对稳定。

如果模型的原始数据完全符合指数规律增长，样本量再多，模型也是稳定的。但是我们经常遇到的数据不一定完全符合指数规律增长。

灰色系统模型与其他模型的不同就在于灰色系统模型利用的数据是累加后的数据，不是直接利用原始数据。作为灰色预测模型的基石，累加生成决定了灰色预测模型适用于“小样本”建模的特性。

综合上述讨论，一阶累加离散灰色模型和分数阶累加离散灰色模型的差异比较见表 2.5。

表 2.5　两种灰色模型的性质比较

模型	新信息优先	还原误差的大小	单调性	利用初值的情况	稳定性
一阶累加离散灰色模型	不满足	大	固定不变	没利用	不稳定
分数阶累加离散灰色模型	一定程度上满足	小	随数据而变	利用	较稳定

从表 2.5 可以看出，分数阶累加离散灰色模型相对于传统离散灰色模型的优势。实际上，将分数阶累加算子引入其他灰色预测模型，也能得到良好的效果，在这里，就不一一赘述了。

本章算例中，没有选取最优阶数，即没有以平均相对误差绝对值最小为目标函数，选取最优阶数。如果以平均相对误差绝对值最小为目标函数，选取最优阶数，得到的模型精度会更高。

第3章　含分数阶累加的灰色指数平滑模型

灰色累加生成算子是灰色预测理论独有的方式，本章试图将灰色分数阶累加生成算子引入指数平滑模型，提出灰色指数平滑模型，比较新模型与原模型的性质。

3.1　灰色二次指数平滑模型

对于原始时间序列 $X^{(0)}=\{x^{(0)}(1),x^{(0)}(2),\cdots,x^{(0)}(n)\}$，一次指数平滑法公式表示如下：

$$\hat{x}^{(0)}(k+1)=\alpha x^{(0)}(k)+(1-\alpha)\hat{x}^{(0)}(k),\quad 0<\alpha<1$$

将累加序列引入指数平滑模型，我们给出如下定义。

定义 3.1.1　设非负时间序列 $X^{(0)}=\{x^{(0)}(1),x^{(0)}(2),\cdots,x^{(0)}(n)\},x^{(r)}(k)=\sum_{i=1}^{k}x^{(r-1)}(i)$ 是 r 阶累加算子，则 $x^{(r)}(k)=\sum_{i=1}^{k}\mathrm{C}_{k-i+r-1}^{k-i}x^{(0)}(i),\mathrm{C}_{r-1}^{0}=1,\mathrm{C}_{k}^{k+1}=0,r\in R_{+}$，$k=1,2,\cdots,n$，记为 $X^{(r)}=\{x^{(r)}(1),x^{(r)}(2),\cdots,x^{(r)}(n)\}$。

$X^{(r)}$ 的 r 阶累减生成算子表示如下：

$$X^{(r)}={}^{(\lceil r\rceil)}X^{(\lceil r\rceil-r)}=\{{}^{(\lceil r\rceil)}x^{(\lceil r\rceil-r)}(1),{}^{(\lceil r\rceil)}x^{(\lceil r\rceil-r)}(2),\cdots,{}^{(\lceil r\rceil)}x^{(\lceil r\rceil-r)}(n)\}$$

其中，$\lceil r\rceil=\min\{n\in Z\mid r\leqslant n\}$，${}^{(\lceil r\rceil)}x^{(\lceil r\rceil-r)}(k)={}^{(\lceil r-1\rceil)}x^{(\lceil r\rceil-r)}(k)-{}^{(\lceil r-1\rceil)}x^{(\lceil r\rceil-r)}(k-1)$。累减算子是累加算子的逆运算，一般来说，当 $0<r<1$ 时，$x^{(1)}(k)=\sum_{i=1}^{k}x^{(0)}(i)$，$k=1,2,\cdots,n$。$X^{(r)}$ 的 r 阶累减算子计算如下：$X^{(r)}={}^{(1)}X^{(1-r)}=\{{}^{(1)}x^{(1-r)}(1),{}^{(1)}x^{(1-r)}(2),\cdots,{}^{(1)}x^{(1-r)}(n)\}$，其中，${}^{(1)}x^{(1-r)}(k)=x^{(1-r)}(k+1)-x^{(1-r)}(k)$。

因为累加算子能够平滑原始数据的波动性，可以用累加算子将杂乱无章的数据变为有规律的数据。下面的定理是关于累加算子的数学证明。

定理 3.1.1 设 $X^{(r)}=\{x^{(r)}(1),x^{(r)}(2),\cdots,x^{(r)}(n)\}$ 是非负序列 $X^{(0)}=\{x^{(0)}(1),x^{(0)}(2),\cdots,x^{(0)}(n)\}$ 的 r 阶累加序列，若 $r\geqslant 1$，$x^{(r)}$ 是 $k(k=1,2,\cdots,n)$ 的增函数。

证明：当 $r=1$ 时

$$\begin{aligned}X^{(1)}&=\{x^{(1)}(1),x^{(1)}(2),\cdots,x^{(1)}(n)\}\\&=\{x^{(0)}(1),x^{(0)}(1)+x^{(0)}(2),\cdots,x^{(0)}(1)+x^{(0)}(2)+\cdots+x^{(0)}(n)\}\end{aligned}$$

显然

$$x^{(1)}(n)>x^{(1)}(n-1)>\cdots>x^{(1)}(2)>x^{(1)}(1)$$

当 $r=2$ 时

$$\begin{aligned}X^{(2)}&=\{x^{(2)}(1),x^{(2)}(2),\cdots,x^{(2)}(n)\}\\&=\{x^{(0)}(1),2x^{(0)}(1)+x^{(0)}(2),\cdots,nx^{(0)}(1)+(n-1)x^{(0)}(2)+\cdots+x^{(0)}(n)\}\end{aligned}$$

因而

$$x^{(2)}(n)>x^{(2)}(n-1)>\cdots>x^{(2)}(2)>x^{(2)}(1)$$

当 $r=k$ 时

$$\sum_{i=1}^{k}\mathrm{C}_{k-i+r-1}^{k-i}x^{(0)}(i)-\sum_{i=1}^{k-1}\mathrm{C}_{k-i+r-2}^{k-1-i}x^{(0)}(i)=x^{(0)}(k)+\sum_{i=1}^{k-1}\mathrm{C}_{k-i+r-2}^{k-i}x^{(0)}(i)>0$$

所以，$x^{(r)}(k)>x^{(r)}(k-1)$，$x^{(r)}(k)$ 是 k 的增函数，得证。

实际上，如果 $0<r<1$，$x^{(r)}(k)$ 也可能是 k 的增函数。例如，不规则序列

$X^{(0)}(k)=\{6,4,7,5,6,4,10,9,11,10\}$，

$X^{(0)}$ 的 0.6 阶累加序列是

$X^{(0.6)}(k)=\{6,7.6,12.28,13.61,16.27,16.48,23.29,26.80,32.02,35.18\}$

可以看出 $X^{(0.6)}(k)$ 是 k 的增函数。也就是说，通过分数阶累加算子，不规则序列可以转换为递增序列。而递增序列适合建立灰色二次指数平滑模型，因此给出灰色二次指数平滑模型。

定义 3.1.2 根据定义 3.1.1，我们可以得到原始序列 $X^{(0)}$ 的 r 阶累加序列 $X^{(r)}$，继而灰色二次指数平滑法计算公式如下：

$$S'(k)=\alpha x^{(r)}(k)+(1-\alpha)S'(k-1)$$
$$S''(k)=\alpha S'(k)+(1-\alpha)S''(k-1)$$

上式中，$S'(k)$ 是第 k 期的灰色一次指数平滑值，$S''(k)$ 是第 k 期的灰色二次指数平滑值。

$$a_k=2S'(k)-S''(k)$$

$$b_k = \frac{\alpha}{1-\alpha}\left[S'(k)+S''(k)\right]$$

预测公式为 $x^{(r)}(k)=a_k+kb_k$。

在定义 3.1.2 中，如果 $r=0$，便是传统的二次指数平滑。灰色二次指数平滑计算步骤归纳如下。

Step 1：确定阶数 r，并根据定义 3.1.1 算出原始序列 $X^{(0)}$ 的 r 阶累加序列 $X^{(r)}$；

Step 2：根据定义 3.1.2 计算 a_k 和 b_k；

Step 3：使用公式 $\hat{x}^{(r)}(k+m)=a_k+mb_k$ 计算预测值，其中 m 是外推长度；

Step 4：将预测值通过累减算子进行还原。

下面我们讨论灰色二次指数平滑法的数学性质。

定理 3.1.2 设 $X^{(r)}=\{x^{(r)}(1),x^{(r)}(2),\cdots,x^{(r)}(n)\}$ 是非负时间序列 $X^{(0)}=\{x^{(0)}(1),x^{(0)}(2),\cdots,x^{(0)}(n)\}$ 的 r 阶累加序列 $(0<r<1)$，根据上述步骤建立灰色二次指数平滑模型，其中，m 是外推长度；$\hat{x}^{(r)}(k)$ 是 $k(k=1,2,\cdots,n,n+1,\cdots,n+m)$ 的线性加权函数，则预测值的单调性不是固定的。

证明：为了方便起见，我们设 $r=\frac{q}{p}(0<r<1)$，则 $\frac{q}{p}$ 阶累加序列可以表示如下：

$$[x^{(\frac{q}{p})}(1),x^{(\frac{q}{p})}(2),\cdots,x^{(\frac{q}{p})}(n)]=[x^{(0)}(1),x^{(0)}(2),\cdots,x^{(0)}(n)]\begin{bmatrix}1 & \mathrm{C}_{\frac{q}{p}}^{1} & \cdots & \mathrm{C}_{\frac{q}{p}+n-3}^{n-2} & \mathrm{C}_{\frac{q}{p}+n-2}^{n-1}\\ 0 & 1 & \cdots & \mathrm{C}_{\frac{q}{p}+n-4}^{n-3} & \mathrm{C}_{\frac{q}{p}+n-3}^{n-2}\\ \vdots & \vdots & & \vdots & \vdots\\ 0 & 0 & \cdots & 1 & \mathrm{C}_{\frac{q}{p}}^{1}\\ 0 & 0 & \cdots & 0 & 1\end{bmatrix}$$

进而，$\frac{q}{p}$ 阶累减序列表示如下：

$$[\hat{x}^{(0)}(1),\hat{x}^{(0)}(2),\cdots,\hat{x}^{(0)}(n)]=[\hat{x}^{(\frac{q}{p})}(1),\hat{x}^{(\frac{q}{p})}(2),\cdots,\hat{x}^{(\frac{q}{p})}(n)]\begin{bmatrix}1 & -\mathrm{C}_{\frac{q}{p}}^{1} & \cdots & (-1)^{n-1}\mathrm{C}_{\frac{q}{p}}^{n-1}\\ 0 & 1 & \cdots & (-1)^{n-2}\mathrm{C}_{\frac{q}{p}}^{n-2}\\ \vdots & \vdots & & \vdots\\ 0 & 0 & \cdots & -\mathrm{C}_{\frac{q}{p}}^{1}\\ 0 & 0 & \cdots & 1\end{bmatrix}$$

$$=\left(a_1+b_1,a_2+b_2,\cdots,a_n+b_n\right)\begin{bmatrix}1 & -C^1_{\frac{q}{p}} & \cdots & (-1)^{n-1}C^{n-1}_{\frac{q}{p}} \\ 0 & 1 & \cdots & (-1)^{n-2}C^{n-2}_{\frac{q}{p}} \\ \vdots & \vdots & & \vdots \\ 0 & 0 & \cdots & -C^1_{\frac{q}{p}} \\ 0 & 0 & \cdots & 1\end{bmatrix}$$

因此，预测值的还原公式如下：

$$[\hat{x}^{(0)}(1),\hat{x}^{(0)}(2),\cdots,\hat{x}^{(0)}(n),\cdots,\hat{x}^{(0)}(n+m)]$$

$$=(a_1+b_1,a_2+b_2,\cdots,a_n+b_n,a_n+2b_n,\ldots,a_n+mb_n)\begin{bmatrix}1 & -C^1_{\frac{q}{p}} & \cdots & (-1)^{m+n-1}C^{m+n-1}_{\frac{q}{p}} \\ 0 & 1 & \cdots & (-1)^{m+n-2}C^{m+n-2}_{\frac{q}{p}} \\ \vdots & \vdots & & \vdots \\ 0 & 0 & \cdots & -C^1_{\frac{q}{p}} \\ 0 & 0 & \cdots & 1\end{bmatrix}$$

从上式中，我们看出预测序列 $\hat{x}^{(0)}(k)(k=n,n+1,\cdots,n+m)$ 是一个加权线性模型，这些权重是可变的，权重的和不为 1。因此，预测值的单调性是不固定的。

3.2　灰色三次指数平滑模型

在我们的生活中，有的时间序列虽然有增加或减少的趋势，但不一定是线性的，可能按二次曲线的形状增加或减少。对于这种非线性的时间序列，采用二次曲线指数平滑（三次指数平滑）可能要比线性指数平滑法更为有效。它的特点是不但考虑线性增长的因素，而且也考虑二次抛物线的增长因素。因此本章提出灰色三次指数平滑法，灰色三次指数平滑的计算过程分为以下步骤。

Step 1：分别计算 t 时期的单指数平滑值 $S'(t)$、双指数平滑值 $S''(t)$ 和三重指数平滑值 $S'''(t)$：

$$S'(t)=\alpha x^{(0)}(t)+(1-\alpha)S'(t-1)$$
$$S''(t)=\alpha S'(t)+(1-\alpha)S''(t-1)$$
$$S'''(t)=\alpha S''(t)+(1-\alpha)S'''(t-1)$$

Step 2：分别计算 t 时期的水平值 A_t、线性增量 B_t 和抛物线增量 C_t

$$A_t=3S'(t)-3S''(t)+S'''(t)$$

$$B_t = \frac{\alpha^2}{(1-\alpha)^2}[(6-5\alpha)S'(t)-(10-8\alpha)S''(t)+(4-3\alpha)S''(t)]$$

$$C_t = \frac{\alpha^2}{(1-\alpha)^2}[S'(t)-2S''(t)+S'''(t)]$$

Step 3：预测 m 期以后，即 $t+m$ 时期的数值为

$$F_{t+m} = A_t + B_t m + \frac{1}{2}C_t m^2$$

其中，m 是正整数，并且 $m \geqslant 1$。

Step 4：将预测值通过累减算子进行还原。

虽然三次指数平滑的计算方法略微复杂，但是对于非平稳时间序列的预测却非常有效，它能随着时间序列呈抛物线增长而调整预测值。三次指数平滑法的初始值依赖于两个时期的观测值 $x^{(0)}(1)$ 和 $x^{(0)}(2)$。在本章中，已知 $x^{(0)}(1)$ 和 $x^{(0)}(2)$，假设

$$S'(1) = S''(1) = S'''(1) = x^{(0)}(1)$$

那么

$$S'(2) = \alpha x^{(0)}(2) + (1-\alpha)S'(1)$$
$$S''(2) = \alpha S'(2) + (1-\alpha)S''(1)$$
$$S'''(2) = \alpha S''(2) + (1-\alpha)S'''(1)$$

3.3　模型性质的比较

例 3.3.1　为了计算方便，我们设定灰色二次指数平滑模型的初始值等于原时间序列的初始真值。为比较三种模型的平滑效果，三种模型的平滑系数都取值 $\alpha = 0.8$，结果如表 3.1 所示。表 3.1 的结果显示灰色二次指数平滑模型的精度最高。这表明，灰色二次指数平滑模型（累加阶数0.3）的预测能力高于传统的一次指数平滑法和二次指数平滑法。

表 3.1　三种指数平滑模型的拟合结果

时间	真实值	一次指数平滑	灰色二次指数平滑	二次指数平滑
1	6			
2	4	6.0	3.9	2.8
3	7	4.4	9.1	8.2
4	5	6.5	5.0	4.5
5	6	5.3	6.6	6.3

续表

时间	真实值	一次指数平滑	灰色二次指数平滑	二次指数平滑
6	4	5.9	3.2	3.0
7	10	4.4	13.3	13.1
8	9	8.9	10.1	9.9
9	11	9.0	12.5	12.4
10	10	10.6	10.1	10.0
平均相对误差绝对值/%		25.8	12.2	14.1

例 3.3.2 为便于比较，选择来自文献[177]的数据，表 3.2 为某时间节点起连续若干月某装备的维修经费数据表。分别用第 1 至第 14 月的数据建立经典二次指数平滑（$\alpha=0.2$）、灰色二次指数平滑（$\alpha=0.2$，累加阶数为 0.5），初值选择第 1 月数据，预测第 15 至第 16 月的数据，结果比较见表 3.3。

表 3.2 某装备维修经费统计数据

时间	经费/元	时间	经费/元
1 月	7 600	9 月	5 698
2 月	7 818	10 月	4 918
3 月	8 290	11 月	3 446
4 月	5 314	12 月	5 635
5 月	5 762	13 月	5 880
6 月	7 634	14 月	4 861
7 月	3 650	15 月	5 343
8 月	7 818	16 月	5 417

表 3.3 三种方法的预测值比较

时间	实际经费/元	灰色马尔可夫组合预测值	经典二次指数平滑预测值	灰色二次指数平滑预测值
15 月	5 343	5 093	4 287	5 374
16 月	5 417	5 126	4 128	5 437
平均相对误差绝对值/%		5.0	21.8	0.5

从表 3.3 的对比来看，灰色二次指数平滑预测效果最好，说明灰色二次指数平滑能挖掘数据的非线性特征。

例 3.3.3 为便于比较，选择来自文献[178]的数据，分别用 2014 年 12 月至 2015 年 9 月的数据建立灰色三次指数平滑模型和改进三次指数平滑法，结果比较见表 3.4，其中灰色三次指数平滑模型的累加阶数为 0.88，平滑系数为 0.5。

表 3.4　峰期的用电量预测结果对比

时间	用电量	灰色三次指数平滑	传统三次指数平滑
12-14	197 120	197 120	171 071
01-15	196 093	196 093	210 145
02-15	120 000	120 158	208 604
03-15	225 587	160 386	87 952
04-15	267 678	285 132	241 705
05-15	301 467	335 759	321 616
06-15	328 347	356 947	359 452
07-15	330 680	367 503	376 617
08-15	309 960	346 427	356 562
09-15	299 633	296 773	305 525
平均相对误差绝对值/%		9.9	21.2

平期的用电量预测结果对比见表 3.5，其中灰色三次指数平滑模型的累加阶数为 0.95，平滑系数为 0.485。

表 3.5　平期的用电量预测结果对比

时间	用电量	灰色三次指数平滑	传统三次指数平滑
12-14	253 440	253 440	212 053
01-15	252 120	252 120	274 133
02-15	130 600	123 734.140 7	272 153
03-15	290 040	188 594.234 1	79 526.7
04-15	344 160	365 329.045 5	311 257
05-15	387 600	434 594.083 7	419 184
06-15	422 160	462 194.518 6	466 100
07-15	425 160	475 099.088 2	485 948
08-15	398 520	448 653.155 1	458 776
09-15	386 320	385 858.172 6	392 525
平均相对误差绝对值/%		11.6	26.5

谷期的用电量预测结果对比见表 3.6，其中灰色三次指数平滑模型的累加阶数为 0.9，平滑系数为 0.45。

表 3.6　谷期的用电量预测结果对比

时间	用电量	灰色三次指数平滑	传统三次指数平滑
12-14	200 000	200 000	148 373
01-15	171 520	171 520	225 813
02-15	73 600	72 050	183 093

续表

时间	用电量	灰色三次指数平滑	传统三次指数平滑
03-15	163 360	104 016	233 067
04-15	186 000	192 185	155 387
05-15	202 560	226 113	214 327
06-15	204 400	236 409	236 143
07-15	203 200	224 410	226 483
08-15	216 000	208 876	211 548
09-15	198 640	216 424	222 628
平均相对误差绝对值/%		11.5	31.2

从上述 3 个表中，可以看出灰色三次指数平滑模型的拟合精度都高于传统三次指数平滑，无论是用电峰期，还是用电谷期、平期。

本章将灰色累加生成引入指数平滑模型，通过对比显示了新模型的优势。实际上，将其他灰色生成算子引入指数平滑，可以建立其他类型的灰色指数平滑模型，提高预测精度。在这里，就不赘述了。本章算例中，没有选取最优阶数，即没有以平均相对误差绝对值最小为目标函数，选取最优阶数。如果以平均相对误差绝对值最小为目标函数，选取最优阶数，得到的模型精度会更高。

第 4 章　分数阶反向累加 GM(1, 1) 模型

作为灰色预测模型独有的方法，累加生成是影响模型精度的主要因素，因而累加生成技术也是一个非常值得研究的方向。为此肖新平和毛树华给出了累加生成算子的矩阵形式，讨论了 r 阶累减生成的基矩阵，并将传统的累加生成推广到广义累加生成和广义累减生成[7]；宋中民和邓聚龙提出累加生成空间和反向累加生成算子[25]；杨知等根据反向序列累加的特点改进了 GOM（1，1）模型的背景值[26]；练郑伟等研究了反向累加的特性[179]；Wu 等提出了分数阶正向序列累加，取得了较好的效果[180]。

但是在以往研究中，基于正向序列累加的 GM（1，1）模型都不满足新信息优先原理[180]；基于反向序列累加的 GM（1，1）模型没有从理论上证明反向累加满足新信息优先原理，且多数是针对递减序列建立拟合模型，没有预测未来趋势。本章从理论上证明反向累加满足新信息优先原理，将反向序列累加的适用范围扩展到递增序列，建立了预测模型。

4.1　一阶反向累加 GM（1，1）模型

定义 4.1.1　设非负序列 $X^{(0)}=(x^{(0)}(1),x^{(0)}(2),\cdots,x^{(0)}(n))$，称

$$x^{(1)}(k)=\sum_{i=k}^{n}x^{(0)}(i)$$

为 1 阶反向累加算子，$X^{(1)}=(x^{(1)}(1),x^{(1)}(2),\cdots,x^{(1)}(n))$ 为 1 阶反向累加序列。则 $x^{(1)}(k)-x^{(1)}(k-1)+az^{(1)}(k)=b\left(z^{(1)}(k)=\dfrac{x^{(1)}(k)+x^{(1)}(k-1)}{2}\right)$ 为 1 阶反向累加 GM

（1，1）模型，简写为 GOM（1，1）。其时间响应序列为 $\hat{x}^{(1)}(k)=(x^{(0)}(n)-\frac{b}{a})\mathrm{e}^{-a(k-n)}+\frac{b}{a}$[179]。

易证，$x^{(1)}(k)-x^{(1)}(k-1)+az^{(1)}(k)=b$ 参数的最小二乘估计满足

$$\begin{bmatrix}\hat{a}\\ \hat{b}\end{bmatrix}=(\boldsymbol{B}^{\mathrm{T}}\boldsymbol{B})^{-1}\boldsymbol{B}^{\mathrm{T}}\boldsymbol{Y}$$

其中

$$\boldsymbol{B}=\begin{bmatrix}-z^{(1)}(2) & 1\\ -z^{(1)}(3) & 1\\ \vdots & \vdots\\ -z^{(1)}(n) & 1\end{bmatrix},\qquad \boldsymbol{Y}=\begin{bmatrix}-x^{(0)}(1)\\ -x^{(0)}(2)\\ \vdots\\ -x^{(0)}(n-1)\end{bmatrix}。$$

定理 4.1.1　按照最小二乘法，如果只发生扰动 $\hat{x}^{(0)}(r)=x^{(0)}(r)+\varepsilon, r=1,2,\cdots,n-1$，同定理 2.1.4，设 $\mathrm{rank}(\boldsymbol{B})=\mathrm{rank}(\hat{\boldsymbol{B}})=2$，$\|\boldsymbol{B}^{\dagger}\|_2\|\Delta\boldsymbol{B}\|_2<1$，模型 $-x^{(0)}(k-1)+az^{(1)}(k)=b$ 参数估计值的扰动界为 $L[x^{(0)}(r)]$，则 $L[x^{(0)}(n-1)]>L[x^{(0)}(n-2)]>\cdots>L[x^{(0)}(1)]$。

证明：如果只发生扰动 $\hat{x}^{(0)}(1)=x^{(0)}(1)+\varepsilon$，

$$\boldsymbol{Y}+\Delta\boldsymbol{Y}=\begin{bmatrix}-x^{(0)}(1)-\varepsilon\\ -x^{(0)}(2)\\ \vdots\\ -x^{(0)}(n-1)\end{bmatrix}=\boldsymbol{Y}+\begin{bmatrix}-\varepsilon\\ 0\\ \vdots\\ 0\end{bmatrix},$$

$$\boldsymbol{B}+\Delta\boldsymbol{B}=\begin{bmatrix}-\dfrac{x^{(0)}(1)+\varepsilon+2x^{(1)}(2)}{2} & 1\\ -z^{(1)}(3) & 1\\ \vdots & \vdots\\ -z^{(1)}(n) & 1\end{bmatrix}=\boldsymbol{B}+\begin{bmatrix}-\dfrac{\varepsilon}{2} & 0\\ 0 & 0\\ \vdots & \vdots\\ 0 & 0\end{bmatrix}$$

所以 $\|\Delta\boldsymbol{B}\|_2=0.5|\varepsilon|, \|\Delta\boldsymbol{Y}\|_2=|\varepsilon|$，相应的可得

$$L[x^{(0)}(1)]=\frac{\kappa_{\dagger}}{\gamma_{\dagger}}\left(\frac{\|\Delta\boldsymbol{B}\|_2}{\|\boldsymbol{B}\|}\|x\|+\frac{\|\Delta\boldsymbol{Y}\|}{\|\boldsymbol{B}\|}+\frac{\kappa_{\dagger}}{\gamma_{\dagger}}\frac{\|\Delta\boldsymbol{B}\|_2}{\|\boldsymbol{B}\|}\frac{\|r_x\|}{\|\boldsymbol{B}\|}\right)=\frac{\kappa_{\dagger}|\varepsilon|}{\gamma_{\dagger}}\left(\frac{0.5\|x\|}{\|\boldsymbol{B}\|}+\frac{1}{\|\boldsymbol{B}\|}+\frac{\kappa_{\dagger}}{\gamma_{\dagger}}\frac{0.5}{\|\boldsymbol{B}\|}\frac{\|r_x\|}{\|\boldsymbol{B}\|}\right)$$

如果只发生扰动 $\hat{x}^{(0)}(2)=x^{(0)}(2)+\varepsilon$，

$$\boldsymbol{Y}+\Delta\boldsymbol{Y}=\begin{bmatrix}-x^{(0)}(1)\\-x^{(0)}(2)-\varepsilon\\\vdots\\-x^{(0)}(n-1)\end{bmatrix}=\boldsymbol{Y}+\begin{bmatrix}0\\-\varepsilon\\\vdots\\0\end{bmatrix}$$

$$\boldsymbol{B}+\Delta\boldsymbol{B}=\begin{bmatrix}-\dfrac{x^{(0)}(1)+2\left[x^{(1)}(2)+\varepsilon\right]}{2} & 1\\-\dfrac{x^{(1)}(2)+\varepsilon+x^{(1)}(3)}{2} & 1\\\vdots & \vdots\\-z^{(1)}(n) & 1\end{bmatrix}=\boldsymbol{B}+\begin{bmatrix}-\varepsilon & 0\\-\dfrac{\varepsilon}{2} & 0\\\vdots & \vdots\\0 & 0\end{bmatrix}$$

所以$\|\Delta\boldsymbol{B}\|_2=\dfrac{\sqrt{3}|\varepsilon|}{2},\|\Delta\boldsymbol{Y}\|_2=|\varepsilon|$, 相应的可得

$$L[x^{(0)}(2)]=\frac{\kappa_\dagger}{\gamma_\dagger}\left(\frac{\|\Delta\boldsymbol{B}\|_2}{\|\boldsymbol{B}\|}\|x\|+\frac{\|\Delta\boldsymbol{Y}\|}{\|\boldsymbol{B}\|}+\frac{\kappa_\dagger}{\gamma_\dagger}\frac{\|\Delta\boldsymbol{B}\|_2}{\|\boldsymbol{B}\|}\frac{\|r_x\|}{\|\boldsymbol{B}\|}\right)=\frac{\kappa_\dagger|\varepsilon|}{\gamma_\dagger}\left(\frac{\sqrt{3}\|x\|}{2\|\boldsymbol{B}\|}+\frac{1}{\|\boldsymbol{B}\|}+\frac{\kappa_\dagger}{\gamma_\dagger}\frac{\sqrt{3}}{2\|\boldsymbol{B}\|}\frac{\|r_x\|}{\|\boldsymbol{B}\|}\right)$$

如果只发生扰动 $\hat{x}^{(0)}(r)=x^{(0)}(r)+\varepsilon, r=3,4,\cdots,n-1$ 时，$\Delta\boldsymbol{B}$ 和 $\Delta\boldsymbol{Y}$ 也变化，可得

$$L[x^{(0)}(r)]=|\varepsilon|\frac{\kappa_\dagger}{\gamma_\dagger}\left(\frac{\sqrt{2r-1}\|x\|}{2\|\boldsymbol{B}\|}+\frac{1}{\|\boldsymbol{B}\|}+\frac{\kappa_\dagger}{\gamma_\dagger}\frac{\sqrt{2r-1}}{2\|\boldsymbol{B}\|}\frac{\|r_x\|}{\|\boldsymbol{B}\|}\right), r=3,4,\cdots,n-1$$

得证。

如果只发生扰动 $\hat{x}^{(0)}(n)=x^{(0)}(n)+\varepsilon$ 时，新序列为 $(x^{(0)}(1), x^{(0)}(2),\cdots,x^{(0)}(n)+\varepsilon)$，一阶反向累加生成序列 $\left(x^{(1)}(1)+\varepsilon, x^{(1)}(2)+\varepsilon,\cdots, x^{(1)}(n)+\varepsilon\right)$ 与 $(x^{(0)}(1), x^{(0)}(2),\cdots,x^{(0)}(n))$ 彼此平行，因此一阶反向累加生成序列的模拟值只是发生平移，再一阶累减还原后，模拟值与扰动前的相同。文献[181]也证明了这一点，即 $x^{(0)}(n)$ 的变化不影响模型的拟合值和预测值。

所谓新信息优先，应该既考虑 $x^{(0)}(n)$ 的优先性，又考虑 $x^{(0)}(n-1)$ 的优先性，且 $x^{(0)}(n)$ 比 $x^{(0)}(n-1)$ 更具有优先性，以此类推，$x^{(0)}(2)$ 比 $x^{(0)}(1)$ 具有优先性。从定理 4.1.1 来看，$L[x^{(0)}(n-1)]>L[x^{(0)}(n-2)]>\cdots>L[x^{(0)}(2)]>L[x^{(0)}(1)]$。在扰动相等的情况下，越新的数据（除最新的数据以外）发生扰动，参数估计值的扰动界越大；越老的数据发生扰动，参数估计值的扰动界越小。虽然参数估计值的扰动界大并不意味扰动一定大（扰动不会超过扰动界），但是新数据（除最新的数据以外）产生的扰动界较大，说明新数据（除最新的数据以外）对参数估计值的影响较大，可以理解为新数据的权重较大。所以从扰动界大小的角度看，GOM

（1，1）既考虑 $x^{(0)}(n-1)$ 的优先性，又考虑 $x^{(0)}(n-2)$ 的优先性，且 $x^{(0)}(n-1)$ 比 $x^{(0)}(n-2)$ 更具有优先性，以此类推，$x^{(0)}(2)$ 比 $x^{(0)}(1)$ 具有优先性。但是第 n 个分量的变化不影响模型的拟合值和预测值，说明 GOM（1，1）没有挖掘 $x^{(0)}(n)$ 的信息，尽管 $x^{(0)}(n)$ 含有的信息质量最高。

还可以看出当 r 较大时，即样本量变大时，扰动界变大，模型的稳定性较差，所以从稳定性考虑，GOM（1，1）的样本量不易过大。

为了降低扰动界，充分挖掘 $x^{(0)}(n)$ 的信息，本章提出分数阶反向累加 GM（1，1）模型 FGOM（1，1）。

4.2 分数阶反向累加 GM（1，1）模型

定义 4.2.1[180] 设非负序列 $X^{(0)}=(x^{(0)}(1),x^{(0)}(2),\cdots,x^{(0)}(n))$，称

$$x^{(\frac{p}{q})}(k)=\sum_{i=k}^{n}\mathrm{C}_{i-k+\frac{p}{q}-1}^{i-k}x^{(0)}(i)$$

为 $\frac{p}{q}\left(0<\frac{p}{q}<1\right)$ 阶反向累加算子，规定 $\mathrm{C}_{\frac{p}{q}-1}^{0}=1,\mathrm{C}_{k-1}^{k}=0,k=1,2,\cdots,n$，

$$\mathrm{C}_{i-k+\frac{p}{q}-1}^{i-k}=\frac{(i-k+\frac{p}{q}-1)(i-k+\frac{p}{q}-2)\cdots(\frac{p}{q}+1)\frac{p}{q}}{(i-k)!}$$

称 $X^{(\frac{p}{q})}=(x^{(\frac{p}{q})}(1),x^{(\frac{p}{q})}(2),\cdots,x^{(\frac{p}{q})}(n))$ 为 $\frac{p}{q}$ 阶反向累加序列。称

$$\alpha^{(1)}x^{(1-\frac{p}{q})}(k-1)=x^{(1-\frac{p}{q})}(k-1)-x^{(1-\frac{p}{q})}(k),k=2,3,\cdots,n$$

为 $\frac{p}{q}$ 阶反向累减算子，

$$\alpha^{(\frac{p}{q})}X^{(0)}=\alpha^{(1)}X^{(1-\frac{p}{q})}=(\alpha^{(1)}x^{(1-\frac{p}{q})}(1),\alpha^{(1)}x^{(1-\frac{p}{q})}(2),\cdots,\alpha^{(1)}x^{(1-\frac{p}{q})}(n))$$

为 $\frac{p}{q}$ 阶反向累减序列。

定义 4.2.2 设非负序列 $X^{(0)}=(x^{(0)}(1),x^{(0)}(2),\cdots,x^{(0)}(n))$，$\frac{p}{q}$ 阶反向累加序列为 $X^{(\frac{p}{q})}=(x^{(\frac{p}{q})}(1),x^{(\frac{p}{q})}(2),\cdots,x^{(\frac{p}{q})}(n))$，称 $x^{(\frac{p}{q})}(k)-x^{(\frac{p}{q})}(k-1)+az^{(\frac{p}{q})}(k)=b(k=2,$

$3,\cdots,n)$ 为 $\frac{p}{q}$ 阶 FGOM（1，1）模型，其时间响应序列为 $\hat{x}^{(\frac{p}{q})}(k)=(x^{(0)}(n)-\frac{b}{a})$ $\mathrm{e}^{-a(k-n)}+\frac{b}{a}$。

$\frac{p}{q}$ 阶 FGOM（1，1）模型参数的最小二乘估计满足

$$\begin{bmatrix}\hat{a}\\ \hat{b}\end{bmatrix}=(\boldsymbol{B}^{\mathrm{T}}\boldsymbol{B})^{-1}\boldsymbol{B}^{\mathrm{T}}\boldsymbol{Y}$$

其中

$$\boldsymbol{B}=\begin{bmatrix}-z^{(\frac{p}{q})}(2) & 1\\ -z^{(\frac{p}{q})}(3) & 1\\ \vdots & \vdots\\ -z^{(\frac{p}{q})}(n) & 1\end{bmatrix},\qquad \boldsymbol{Y}=\begin{bmatrix}x^{(\frac{p}{q})}(2)-x^{(\frac{p}{q})}(1)\\ x^{(\frac{p}{q})}(3)-x^{(\frac{p}{q})}(2)\\ \vdots\\ x^{(\frac{p}{q})}(n)-x^{(\frac{p}{q})}(n-1)\end{bmatrix}$$

对 $\hat{X}^{(\frac{p}{q})}=(\hat{x}^{(\frac{p}{q})}(1),\hat{x}^{(\frac{p}{q})}(2),\cdots,\hat{x}^{(\frac{p}{q})}(n))$ 作 $\frac{p}{q}$ 阶反向累减，即得模拟值。

类似定理 4.1.1 可证以下定理。

定理 4.2.1　按照最小二乘法，如果只发生扰动 $\hat{x}^{(0)}(r)=x^{(0)}(r)+\varepsilon,r=1,2,\cdots,n-1$，同定理2.1.4，设 $\operatorname{rank}(\boldsymbol{B})=\operatorname{rank}(\hat{\boldsymbol{B}})=2$，$\|\boldsymbol{B}^{\dagger}\|_2\|\Delta\boldsymbol{B}\|_2<1$，原始序列作 $\frac{p}{q}$ 阶反向累加。模型 $x^{(\frac{p}{q})}(k)-x^{(\frac{p}{q})}(k-1)+az^{(\frac{p}{q})}(k)=b$ 参数估计值的扰动界记为 $L^{\frac{p}{q}}[x^{(0)}(r)]$，如果 $\frac{p_2}{q_2}<\frac{p_1}{q_1}$，则 $L^{\frac{p_1}{q_1}}[x^{(0)}(r)]>L^{\frac{p_2}{q_2}}[x^{(0)}(r)]$。

本章规定 $0<\frac{p}{q}<1$，因为以下两点：①当 $\frac{p}{q}>1$ 时，模型的鲁棒性差；②大量实例计算表明，$\frac{p}{q}>1$ 的模拟精度和预测精度不理想。

实际上，只要累加阶数为整数，只发生扰动 $\hat{x}^{(0)}(n)=x^{(0)}(n)+\varepsilon$ 时，反向整数阶累加生成序列与 $(x^{(0)}(1),x^{(0)}(2),\cdots,x^{(0)}(n))$ 彼此平行，因此反向整数阶累加生成序列的模拟值只是发生平移，再整数阶累减还原后，模拟值与扰动前的相同，即 $x^{(0)}(n)$ 不影响反向整数阶累加模型的拟合值和预测值。这就表明，由于反向整数阶累加生成，原序列的最新信息 $x^{(0)}(n)$ 没有被利用。所以从信息利用的角度分析，累加阶数应该为非整数阶。综上所述，反向累加阶数的取值范围为

$0<\frac{p}{q}<1$，可以通过多次试算选取最优阶数（能获得最小平均相对误差绝对值的阶数），也可以通过智能搜索算法选取最优阶数。

以往文献的研究，多数认为反向累加序列只适合于递减序列建模[179]，正向累加适合于递增序列建模。这是因为递增序列的一阶正向累加生成序列还是递增的，发展系数 $a<0$ [174]；递减序列的一阶反向累加序列还是递减的，发展系数 $a>0$。实际上，对于分数阶反向累加的 FGOM（1，1）模型，只要不改变数据的单调性（生成序列与原始数据的增减性保持一致），反向累加序列也适合于递增序列建模。

以往文献对反向累加灰色模型的研究，多数是建立拟合模型，没有外推预测。因此在固定累加初值的情况下，本章给出以下定义。

定义 4.2.3 对于预测序列 $\hat{X}^{(1)}=(\hat{x}^{(1)}(n+1),\hat{x}^{(1)}(n+2),\cdots)$，称

$$\hat{x}^{(1)}(t)=\sum_{i=n}^{t}\hat{x}^{(0)}(i)$$

为预测序列的1阶反向累加算子。

类似定义 4.2.1，可以给出预测序列的分数阶反向累加算子，对 $\hat{X}^{(\frac{p}{q})}=(\hat{x}^{(\frac{p}{q})}(n+1),\hat{x}^{(\frac{p}{q})}(n+2),\cdots)$ 作 $\frac{p}{q}$ 阶反向累减，即得预测值。

4.3 实例分析

为便于比较，采用文献[11]的实例。运用文献[11]的数据，前 4 个数据用来建模，后 4 个数据作为对比（表 4.1）。

表 4.1 不同模型的结果比较

年份	实际值	GM（1，1）	0.01 阶 GOM（1，1）
2000	5 263	5 263	5 267
2001	5 594	5 585	5 599
2002	5 922	5 934	5 927
2003	6 313	6 304	6 313
平均相对误差/%		0.02	0.00
年份	实际值	GM（1，1）	0.01 阶 GOM（1，1）
2004	6 638	6 698	6 653
2005	6 940	7 116	6 976

续表

年份	实际值	GM（1，1）	0.01 阶 GOM（1，1）
2006	7 268	7 561	7 189
2007	7 680	8 033	7 734
平均相对误差/%		3.04	1.22

从表 4.1 可以看出，0.01 阶累加 GOM（1，1）的预测精度和拟合精度都明显好于 GM（1，1）模型，也就是说分数阶反向累加 GOM（1，1）可以用于递增数据的序列。

以往灰色预测模型的反向累加生成技术是一种由灰变白的方法，可以使离乱的原始数据中蕴含的规律充分显露出来。针对传统灰色预测模型，反向累加生成技术适用于单调递减或者近似单调递减的序列。而本章的分数阶反向累加 GOM（1，1）模型不但适用于单调递减序列，也适用于单调递增序列。

分数阶反向累加 GOM（1，1）模型更好地符合了新信息优先原理，可以实现最少信息的最大挖掘，实例说明了该模型具有较好的拟合精度和预测精度。对于其他种类的灰色预测模型，也可以建立分数阶反向累加的灰色模型。

本章算例中，没有选取最优阶数，即没有以平均相对误差绝对值最小为目标函数，选取最优阶数。如果以平均相对误差绝对值最小为目标函数，选取最优阶数，得到的模型精度会更高。

第 5 章　分数阶导数灰色预测模型

分数阶微积分自 1965 年 Leibniz 提出后，在世界各国研究人员的倡导和推动下，在控制理论[182]、图像处理[183]等方面显示出强大的生命力和优越性[184]。它是将通常意义下的整数阶微积分推广到分数阶，当分数阶微积分的阶数为整数时，又必须完全等同于整数阶微积分运算（本章讨论有理分数阶）。刘式达等指出气候的分数阶导数是天气，正是由于分数阶导数的存在，才使气候较天气的记忆性好[184]。Podlubny 给出了分数阶微积分的几何意义和物理意义[185]。以往的灰色模型都是整数阶导数模型，属于理想记忆模型，不适合描述一些不规则现象。实际系统通常大都是分数阶的，采用分数阶描述那些本身带有分数阶特性的对象时，能更好地揭示对象的本质特性及其行为。之所以忽略系统的实际阶次（分数阶），主要是因其复杂性和缺乏相应的数学工具，近年来，这一“瓶颈”正被逐渐克服，相关成果不断涌现。本章以分数阶微积分为理论平台，将整数阶导数灰色模型推广到分数阶导数灰色模型，并研究其性质。

5.1　基于 Caputo 型分数阶导数的灰色模型

针对缺乏统计规律的小样本系统，如何挖掘其规律，一直是学术界的难点。灰色系统模型与其他模型的不同在于灰色模型利用的数据是累加后的数据，认为累加弱化了原始数据序列的随机性，由于累加后还要累减还原，至今不能从理论上证明利用累加数据一定比利用原始数据的模型好，因此本章不采用累加后的数据，而直接利用原始数据建模。

定义 5.1.1　设非负序列 $X^{(0)}=(x^{(0)}(1),x^{(0)}(2),\cdots,x^{(0)}(n))$， $p(0<p<1)$ 阶方程 1 个变量的灰色模型 GM（ p ， 1 ）为

$$\alpha^{(1)}x^{(1-p)}(k)+az^{(0)}(k)=b$$

其中， $\alpha^{(1)}x^{(1-p)}(k)$ 表示 $x^{(0)}(k)$ 的 p 阶差分，即先对 $x^{(0)}(k)$ 进行 $1-p$ 阶累加，再

对 $x^{(1-p)}(k)$ 作 1 阶差分 $\alpha^{(1)}x^{(1-p)}(k)=x^{(1-p)}(k)-x^{(1-p)}(k-1)$ ， $z^{(0)}(k)=\dfrac{x^{(0)}(k)+x^{(0)}(k+1)}{2}$。GM（ p ，1）模型参数的最小二乘估计满足

$$\begin{bmatrix} a \\ b \end{bmatrix}=(\boldsymbol{B}^{\mathrm{T}}\boldsymbol{B})^{-1}\boldsymbol{B}^{\mathrm{T}}\boldsymbol{Y}$$

其中

$$\boldsymbol{B}=\begin{bmatrix} -z^{(0)}(2) & 1 \\ -z^{(0)}(3) & 1 \\ \vdots & \vdots \\ -z^{(0)}(n) & 1 \end{bmatrix},\qquad \boldsymbol{Y}=\begin{bmatrix} \alpha^{(1)}x^{(1-p)}(2) \\ \alpha^{(1)}x^{(1-p)}(3) \\ \vdots \\ \alpha^{(1)}x^{(1-p)}(n) \end{bmatrix}。$$

GM（ p ，1）模型的白化方程为

$$\frac{d^{p}x^{(0)}(t)}{dt^{p}}+ax^{(0)}(t)=b \tag{5.1}$$

设 $\hat{x}^{(0)}(1)=x^{(0)}(1)$，通过分数阶拉普拉斯变换，方程（5.1）的解为

$$x^{(0)}(t)=\left[x^{(0)}(1)-\frac{b}{a}\right]\sum_{k=0}^{\infty}\frac{(-at^{p})^{k}}{\Gamma(pk+1)}+\frac{b}{a}$$

所以 GM（ p ，1）模型的拟合值为

$$x^{(0)}(k)=\left[x^{(0)}(1)-\frac{b}{a}\right]\sum_{i=0}^{\infty}\frac{(-ak^{p})^{i}}{\Gamma(pi+1)}+\frac{b}{a}$$

5.2　新信息优先的分数阶导数灰色模型

同定理 2.1.5 一样，可证 GM（ p ，1）模型与新信息优先原理相违背，为了充分体现新信息在预测中的作用，本章基于序列反向累加，提出新信息优先的灰色模型 NIGM（ p ，1），给出任意阶序列反向累加的计算公式。

定义 5.2.1　设原始非负序列为 $X^{(0)}=\{x^{(0)}(1),x^{(0)}(2),\cdots,x^{(0)}(n)\}$ ，称 $X_{(1)}=\{x_{(1)}(1),x_{(1)}(2),\cdots,x_{(1)}(n)\}$ 为 1 阶反向累加序列，其中， $x_{(1)}(k)=\sum_{i=k}^{n}x^{(0)}(i),k=1,2,\cdots,n$ ，相应的 r 阶反向累加生成算子 $x_{(r)}(k)=\sum_{i=k}^{n}x_{(r-1)}(i),k=1,2,\cdots,n$ 。

定理 5.2.1　原始非负序列 $X^{(0)}=\{x^{(0)}(1),x^{(0)}(2),\cdots,x^{(0)}(n)\}$ ， r 阶反向累加生成序列为 $X_{(r)}=\{x_{(r)}(1),x_{(r)}(2),\cdots,x_{(r)}(n)\}$ ，其中， $x_{(r)}(k)=\sum_{i=k}^{n}\mathrm{C}_{i-k+r-1}^{i-k}x^{(0)}(i),k=1,2,$

$\cdots,n,\ C_{r-1}^{0}=1, C_{n-1}^{n}=0$。

定义 5.2.2　原始非负序列 $X^{(0)}=\{x^{(0)}(1),x^{(0)}(2),\cdots,x^{(0)}(n)\}$，称

$$x_{(\frac{p}{q})}(k)=\sum_{i=k}^{n}C_{i-k+\frac{p}{q}-1}^{i-k}x^{(0)}(i),\ k=1,2,\cdots,n$$

为 $\frac{p}{q}(0<\frac{p}{q}<1)$ 阶反向累加生成算子，规定 $C_{\frac{p}{q}-1}^{0}=1, C_{n-1}^{n}=0$,

$$C_{i-k+\frac{p}{q}-1}^{i-k}=\frac{(i-k+\frac{p}{q}-1)(i-k+\frac{p}{q}-2)\cdots(\frac{p}{q}+1)\frac{p}{q}}{(i-k)!}$$

称 $\alpha_{(1)}X_{(1-\frac{p}{q})}=\{\alpha_{(1)}x_{(1-\frac{p}{q})}(1),\alpha_{(1)}x_{(1-\frac{p}{q})}(2),\cdots,\alpha_{(1)}x_{(1-\frac{p}{q})}(n)\}$ 为 $\frac{p}{q}$ 阶反向累减生成算子，其中

$$\alpha_{(1)}x_{(1-\frac{p}{q})}(k)=x_{(1-\frac{p}{q})}(k)-x_{(1-\frac{p}{q})}(k-1)$$

定义 5.2.3　设非负序列 $X^{(0)}=\{x^{(0)}(1),x^{(0)}(2),\cdots,x^{(0)}(n)\}$，$p(0<p<1)$ 阶方程1个变量的新信息优先灰色模型（NIGM（p，1））为

$$\alpha_{(1)}x_{(1-p)}(k)+az^{(0)}(k)=b$$

其中，$\alpha_{(1)}x_{(1-p)}(k)$ 表示 $x^{(0)}(k)$ 的 p 阶反向累减生成算子，即先对 $x^{(0)}(k)$ 进行 $1-p$ 阶反向累加，再对 $x_{(1-p)}(k)$ 作 1 阶差分 $\alpha_{(1)}x_{(1-p)}(k)=x_{(1-p)}(k)-x_{(1-p)}(k-1)$ $(z^{(0)}(k)=\frac{x^{(0)}(k)+x^{(0)}(k+1)}{2})$。NIGM（$p$，1）模型参数的最小二乘估计满足

$$\begin{bmatrix} a \\ b \end{bmatrix}=(\boldsymbol{B}^{\mathrm{T}}\boldsymbol{B})^{-1}\boldsymbol{B}^{\mathrm{T}}\boldsymbol{Y}$$

其中

$$\boldsymbol{B}=\begin{bmatrix} -z^{(0)}(2) & 1 \\ -z^{(0)}(3) & 1 \\ \vdots & \vdots \\ -z^{(0)}(n) & 1 \end{bmatrix},\qquad \boldsymbol{Y}=\begin{bmatrix} \alpha_{(1)}x_{(1-p)}(2) \\ \alpha_{(1)}x_{(1-p)}(3) \\ \vdots \\ \alpha_{(1)}x_{(1-p)}(n) \end{bmatrix}。$$

设 $\hat{x}^{(0)}(1)=x^{(0)}(1)$，通过分数阶拉普拉斯变化，NIGM（$p$，1）白化方程 $\frac{d^{p}x^{(0)}(t)}{dt^{p}}+ax^{(0)}(t)=b$ 的解为

$$x^{(0)}(t)=\left[x^{(0)}(1)-\frac{b}{a}\right]\sum_{k=0}^{\infty}\frac{(-at^{p})^{k}}{\Gamma(pk+1)}+\frac{b}{a}$$

所以NIGM（p，1）模型的拟合值为

$$x^{(0)}(k)=\left[x^{(0)}(1)-\frac{b}{a}\right]\sum_{i=0}^{\infty}\frac{(-ak^{p})^{i}}{\Gamma(pi+1)}+\frac{b}{a}$$

以下定理说明NIGM（p，1）模型可以较好地满足灰色系统理论的新信息优先原理。

定理 5.2.2　按照最小二乘法，如果只发生扰动 $\hat{x}^{(0)}(r)=x^{(0)}(r)+\varepsilon, r=1,2,\cdots,n-1$，同定理 2.1.4，设 $\operatorname{rank}(\boldsymbol{B})=\operatorname{rank}(\hat{\boldsymbol{B}})=2$，$\|\boldsymbol{B}^{\dagger}\|_2\|\Delta\boldsymbol{B}\|_2<1$，模型 $\alpha_{(1)}x_{(1-p)}(k)+az^{(0)}(k)=b$ 参数估计值的扰动界为 $L[x^{(0)}(r)]$，则 $L[x^{(0)}(n-1)]>L[x^{(0)}(n-2)]>\cdots>L[x^{(0)}(1)]$。

证明：由定义 5.2.2 得

$$\begin{aligned}\alpha_{(1)}x_{(1-p)}(k)&=x_{(1-p)}(k)-x_{(1-p)}(k-1)\\&=\sum_{i=k}^{n}\mathrm{C}_{i-k-p}^{i-k}x^{(0)}(i)-\sum_{i=k-1}^{n}\mathrm{C}_{i-k+1-p}^{i-k+1}x^{(0)}(i)=x^{(0)}(k-1)-\sum_{i=k}^{n}\mathrm{C}_{i-k+p-1}^{i-k+1}x^{(0)}(i)\end{aligned}$$

如果只发生扰动 $\hat{x}^{(0)}(1)=x^{(0)}(1)+\varepsilon$，

$$\boldsymbol{Y}+\Delta\boldsymbol{Y}=\begin{bmatrix}x^{(0)}(1)+\varepsilon-\sum_{i=2}^{n}\mathrm{C}_{i-3+p}^{i-1}x^{(0)}(i)\\x^{(0)}(2)-\sum_{i=3}^{n}\mathrm{C}_{i-4+p}^{i-2}x^{(0)}(i)\\\vdots\\x^{(0)}(n-1)-\sum_{i=n-1}^{n}\mathrm{C}_{i-n+p}^{i-n+2}x^{(0)}(i)\end{bmatrix}=\boldsymbol{Y}+\begin{bmatrix}\varepsilon\\0\\\vdots\\0\end{bmatrix}$$

$$\boldsymbol{B}+\Delta\boldsymbol{B}=\begin{bmatrix}-\frac{x^{(0)}(1)+\varepsilon+x^{(0)}(2)}{2}&1\\-z^{(0)}(3)&1\\\vdots&\vdots\\-z^{(0)}(n)&1\end{bmatrix}=\boldsymbol{B}+\begin{bmatrix}-\frac{\varepsilon}{2}&0\\0&0\\\vdots&\vdots\\0&0\end{bmatrix}$$

所以 $\|\Delta\boldsymbol{B}\|_2=0.5|\varepsilon|, \|\Delta\boldsymbol{Y}\|_2=|\varepsilon|$，相应的可得

$$L[x^{(0)}(1)]=\frac{\kappa_{\dagger}}{\gamma_{\dagger}}\left(\frac{\|\Delta\boldsymbol{B}\|_2}{\|\boldsymbol{B}\|}\|x\|+\frac{\|\Delta\boldsymbol{Y}\|}{\|\boldsymbol{B}\|}+\frac{\kappa_{\dagger}}{\gamma_{\dagger}}\frac{\|\Delta\boldsymbol{B}\|_2}{\|\boldsymbol{B}\|}\frac{\|r_x\|}{\|\boldsymbol{B}\|}\right)=\frac{\kappa_{\dagger}|\varepsilon|}{\gamma_{\dagger}}\left(\frac{0.5\|x\|}{\|\boldsymbol{B}\|}+\frac{1}{\|\boldsymbol{B}\|}+\frac{\kappa_{\dagger}}{\gamma_{\dagger}}\frac{0.5}{\|\boldsymbol{B}\|}\frac{\|r_x\|}{\|\boldsymbol{B}\|}\right)$$

如果只发生扰动 $\hat{x}^{(0)}(2)=x^{(0)}(2)+\varepsilon$，

$$\boldsymbol{Y}+\Delta\boldsymbol{Y}=\begin{bmatrix} x^{(0)}(1)-\mathrm{C}_{p-1}^{1}(x^{(0)}(2)+\varepsilon)-\sum_{i=3}^{n}\mathrm{C}_{i-3+p}^{i-1}x^{(0)}(i) \\ x^{(0)}(2)+\varepsilon-\sum_{i=3}^{n}\mathrm{C}_{i-4+p}^{i-2}x^{(0)}(i) \\ \vdots \\ x^{(0)}(n-1)-\sum_{i=n-1}^{n}\mathrm{C}_{i-n+p}^{i-n+2}x^{(0)}(i) \end{bmatrix}=\boldsymbol{Y}+\begin{bmatrix} \mathrm{C}_{p-1}^{1}\varepsilon \\ \varepsilon \\ \vdots \\ 0 \end{bmatrix}$$

$$\boldsymbol{B}+\Delta\boldsymbol{B}=\begin{bmatrix} -\frac{x^{(0)}(1)+\varepsilon+x^{(0)}(2)}{2} & 1 \\ -\frac{x^{(0)}(2)+\varepsilon+x^{(0)}(3)}{2} & 1 \\ \vdots & \vdots \\ -z^{(0)}(n) & 1 \end{bmatrix}=\boldsymbol{B}+\begin{bmatrix} -\frac{\varepsilon}{2} & 0 \\ -\frac{\varepsilon}{2} & 0 \\ \vdots & \vdots \\ 0 & 0 \end{bmatrix}$$

所以$\|\Delta\boldsymbol{B}\|_2=\frac{\sqrt{2}|\varepsilon|}{2}$, $\|\Delta\boldsymbol{Y}\|_2=\sqrt{(\mathrm{C}_{p-1}^{1})^2+1}|\varepsilon|$, 相应的可得

$$L[x^{(0)}(2)]=\frac{\kappa_\dagger}{\gamma_\dagger}\left(\frac{\|\Delta\boldsymbol{B}\|_2}{\|\boldsymbol{B}\|}\|x\|+\frac{\|\Delta\boldsymbol{Y}\|}{\|\boldsymbol{B}\|}+\frac{\kappa_\dagger}{\gamma_\dagger}\frac{\|\Delta\boldsymbol{B}\|_2}{\|\boldsymbol{B}\|}\frac{\|r_x\|}{\|\boldsymbol{B}\|}\right)$$
$$=\frac{\kappa_\dagger|\varepsilon|}{\gamma_\dagger}\left(\frac{\sqrt{2}\|x\|}{2\|\boldsymbol{B}\|}+\frac{\sqrt{(\mathrm{C}_{p-1}^{1})^2+1}}{\|\boldsymbol{B}\|}+\frac{\kappa_\dagger}{\gamma_\dagger}\frac{\sqrt{2}}{2\|\boldsymbol{B}\|}\frac{\|r_x\|}{\|\boldsymbol{B}\|}\right)$$

如果只发生扰动$\hat{x}^{(0)}(r)=x^{(0)}(r)+\varepsilon, r=3,4,\cdots,n-1$时，$\Delta\boldsymbol{B}$和$\Delta\boldsymbol{Y}$也变化，可得

$$L[x^{(0)}(r)]$$
$$=|\varepsilon|\frac{\kappa_\dagger}{\gamma_\dagger}\left(\frac{\sqrt{2}\|x\|}{2\|\boldsymbol{B}\|}+\frac{\sqrt{(\mathrm{C}_{k+p-3}^{k-1})^2+(\mathrm{C}_{k+p-4}^{k-2})^2+\cdots+(\mathrm{C}_{p-1}^{1})^2+1}}{\|\boldsymbol{B}\|}+\frac{\kappa_\dagger}{\gamma_\dagger}\frac{\sqrt{2}}{2\|\boldsymbol{B}\|}\frac{\|r_x\|}{\|\boldsymbol{B}\|}\right),$$

$r=3,4,\cdots,n-1$

如果只发生扰动$\hat{x}^{(0)}(n)=x^{(0)}(n)+\varepsilon$时，此时

$$\Delta\boldsymbol{B}=\begin{bmatrix} 0 & 0 \\ 0 & 0 \\ \vdots & \vdots \\ -\frac{\varepsilon}{2} & 0 \end{bmatrix},\ \Delta\boldsymbol{Y}=\begin{bmatrix} \mathrm{C}_{p+n-3}^{n-1}\varepsilon \\ \mathrm{C}_{p+n-4}^{n-2}\varepsilon \\ \vdots \\ \mathrm{C}_{p-1}^{1}\varepsilon \end{bmatrix}$$

解的扰动界为

$$L[x^{(0)}(n)]=|\varepsilon|\frac{\kappa_{\dagger}}{\gamma_{\dagger}}\left(\frac{1\|x\|}{2\|\boldsymbol{B}\|}+\frac{\sqrt{(\mathrm{C}_{k+p-3}^{k-1})^2+(\mathrm{C}_{k+p-4}^{k-2})^2+\cdots+(\mathrm{C}_{p-1}^{1})^2+1}}{\|\boldsymbol{B}\|}+\frac{\kappa_{\dagger}}{\gamma_{\dagger}}\frac{1}{\|\boldsymbol{B}\|}\frac{\|r_x\|}{\|\boldsymbol{B}\|}\right)$$

得证。

所谓新信息优先，应该既考虑原始序列第 n 个分量的优先性，又考虑第 $n-1$ 个分量的优先性，且第 n 个分量比第 $n-1$ 个分量更具有优先性，以此类推，第 2 个分量比第 1 个分量具有优先性。从定理 5.2.2 来看，$L[x^{(0)}(n-1)]>L[x^{(0)}(n-2)]>\cdots>L[x^{(0)}(2)]>L[x^{(0)}(1)]$。在扰动相等的情况下，越新的数据（除最新的数据以外）发生扰动，参数估计值的扰动界越大；越老的数据发生扰动，参数估计值的扰动界越小。虽然参数估计值的扰动界大并不意味扰动一定大（扰动不会超过扰动界），但是新数据产生的扰动界较大，说明新数据对参数估计值的影响较大，可以理解为新数据的权重较大。所以从扰动界大小的角度看，NIGM（p，1）模型既考虑原始序列第 $n-1$ 个分量的优先性，又考虑第 $n-2$ 个分量的优先性，且第 $n-1$ 个分量比第 $n-2$ 个分量更具有优先性，以此类推，第 2 个分量比第 1 个分量具有优先性。但是第 n 个分量的扰动界不一定比第 $n-1$ 个分量的扰动界大，说明 NIGM（p，1）未能充分挖掘第 n 个分量的信息。

5.3 实例分析

为便于比较，选择来自文献[11]的数据，分别用 2000~2003 年的数据建立 DGM（1，1）、GM（0.98，1）和 NIGM（0.997，1）模型，预测 2004~2007 年的数据，结果比较见表 5.1。

表 5.1　俄罗斯历年电力消费量预测值比较

年份	实际值（KTOE）	DGM（1，1）模型	GM（0.98，1）模型	NIGM（0.997，1）模型
2000	52 333	52 333	52 333	52 333
2001	53 151	52 953	53 704	52 627
2002	53 168	53 561	54 858	53 051
2003	54 372	54 176	55 849	53 666
平均相对误差绝对值/%		0.49	2.31	0.63
年份	实际值（KTOE）	DGM（1，1）模型	GM（0.98，1）模型	NIGM（0.997，1）模型
2004	55 516	54 798	56 704	54 559
2005	55 898	55 428	57 445	55 855
2006	58 600	56 065	58 087	57 736

续表

年份	实际值（KTOE）	DGM（1，1）模型	GM（0.98，1）模型	NIGM（0.997，1）模型
2007	60 281	56 709	58 645	60 464
平均相对误差绝对值/%		3.10	2.12	0.89

从表 5.1 的对比来看，DGM（1，1）模型虽然能得到较高的拟合精度，但是预测效果最差，说明 DGM（1，1）模型未能挖掘俄罗斯电力消费的非线性特征，不能充分利用新信息；GM（p，1）模型的拟合精度和预测精度尚能接受，与 NIGM（p，1）模型的预测结果对比，说明 GM（p，1）模型也未能挖掘信息质量较高的新信息；NIGM（p，1）模型的预测精度最高，这是由于 NIGM（p，1）模型体现新信息的作用，实际上，2001~2007 年的年增长率分别为：1.18、0.03、2.26、2.10、0.69、4.83、2.87，其中2003年增长率与2004~2007年的年增长率基本一致，只有充分利用这一新数据的增长信息，才能得到较高的预测精度。如果将初值 52 333 改为 52 533，模型结果对比见表 5.2。

表 5.2　初值改变后的俄罗斯历年电力消费量预测值比较

年份	实际数据（KTOE）	DGM（1，1）模型	GM（0.98，1）模型	NIGM（0.997，1）模型
2000	52 533	52 333	52 533	52533
2001	53 151	52 953	53 800	52557
2002	53 168	53 561	55 206	52605
2003	54 372	54 176	56 791	52698
平均相对误差绝对值/%		0.49	3.17	1.31
年份	实际数据（KTOE）	DGM（1，1）模型	GM（0.98，1）模型	NIGM（0.997，1）模型
2004	55 516	54 798	58 581	52 881
2005	55 898	55 428	60 606	53 239
2006	58 600	56 065	62 898	53 940
2007	60 281	56 709	65 493	55 311
平均相对误差绝对值/%		3.10	7.48	6.43

对比表 5.1 和表 5.2，说明 GM（p，1）和 NIGM（p，1）模型都利用了初值，而 DGM（1，1）模型没有利用初值，尽管初值变了，NIGM（p，1）模型的拟合精度和预测精度都比 GM（p，1）模型高，再次说明 NIGM（p，1）具有挖掘新信息的优势。

实际上，具有记忆功能和遗传特性正是分数阶微积分的魅力所在，因此本章借助分数阶微积分理论，不采用累加后的数据，直接利用原始数据，以分数阶反向累减生成算子近似代替分数阶导数；实例结果对比说明累加的优势在于使原始数据的记忆功能和遗传特性加强。实际应用中可以根据数据的记忆性选择不同的导数阶数。综合上述讨论，三种灰色模型的性质比较见表 5.3。

表 5.3　三种灰色模型的性质比较

模型	新信息优先	还原误差的大小	利用初值的情况	稳定性
DGM（1，1）	不满足	大	没利用	不稳定
GM（p，1）	不满足	无还原误差	利用	较稳定
NIGM（p，1）	一定程度上满足	无还原误差	利用	较稳定

本章算例中，没有选取最优阶数，即没有以平均相对误差绝对值最小为目标函数，选取最优阶数。如果以平均相对误差绝对值最小为目标函数，选取最优阶数，得到的模型精度会更高。

第6章　基于分数阶缓冲算子的灰色预测模型

针对传统缓冲算子不能实现作用强度的微调，从而导致缓冲作用效果过强或过弱的问题（n阶缓冲算子的缓冲效果过弱，而$n+1$阶缓冲算子的缓冲效果可能过强），本章研究了分数弱化缓冲算子。通过矩阵扰动理论分别证明了：经典弱化缓冲算子、变权弱化缓冲算子和普通强化缓冲算子的新信息优先性；讨论了样本量与缓冲作用之间的关系。

6.1　经典弱化缓冲算子的新信息优先性

定理 6.1.1　设$X=(x(1),x(2),\cdots,x(n))$，令$XD_1=(x(1)d_1,x(2)d_1,\cdots,x(n)d_1)$，其中

$$x(k)d_1=\frac{1}{n-k+1}[x(k)+x(k+1)+\cdots+x(n)],k=1,2,\cdots,n$$

则当X为单调增长序列、单调衰减序列或震荡序列时，D_1皆为弱化缓冲算子。称D_1为经典弱化缓冲算子，因为D_1是出现最早的弱化缓冲算子，很多弱化缓冲算子都是在D_1的基础上演变而来的。

定理 6.1.2　利用经典弱化缓冲算子作用后的序列建立灰色离散模型

$$x^{(1)}(k+1)d_1=\beta_1x^{(1)}(k)d_1+\beta_2$$

其参数估计值

$$\begin{bmatrix}\beta_2\\\beta_1\end{bmatrix}=(\boldsymbol{B}^{\mathrm{T}}\boldsymbol{B})^{-1}\boldsymbol{B}^{\mathrm{T}}\boldsymbol{Y}$$

其中

$$
\boldsymbol{B}=\begin{bmatrix}1 & x^{(1)}(1)d_1 \\ 1 & x^{(1)}(2)d_1 \\ \vdots & \vdots \\ 1 & x^{(1)}(n-2)d_1 \\ 1 & x^{(1)}(n-1)d_1\end{bmatrix},\quad \boldsymbol{Y}=\begin{bmatrix}x^{(1)}(2)d_1 \\ x^{(1)}(3)d_1 \\ \vdots \\ x^{(1)}(n-1)d_1 \\ x^{(1)}(n)d_1\end{bmatrix},\quad x^{(1)}(k)d_1=\sum_{k=1}^{n}x^{(0)}(k)d_1,\ k=1,2,\cdots,n。
$$

如果序列 $X^{(0)}=\left(x^{(0)}(1),x^{(0)}(2),\cdots,x^{(0)}(n)\right)$ 中只有一个数据 $x^{(0)}(r)$ 发生扰动

$$
\hat{x}^{(0)}(r)=x^{(0)}(r)+\varepsilon,\ r=1,2,\cdots,n
$$

则越新的数据发生扰动，参数估计值的扰动界越大。

证明：（1）已知

$$
\boldsymbol{B}=\begin{bmatrix}1 & x^{(1)}(1)d_1 \\ 1 & x^{(1)}(2)d_1 \\ \vdots & \vdots \\ 1 & x^{(1)}(n-2)d_1 \\ 1 & x^{(1)}(n-1)d_1\end{bmatrix}=\begin{bmatrix}1 & 0 & 0 & 0 & \cdots & 0 \\ 1 & 1 & 0 & 0 & \cdots & 0 \\ \vdots & \vdots & \vdots & \vdots & & \vdots \\ 1 & 1 & 1 & 1 & \cdots & 0 \\ 1 & 1 & 1 & 1 & \cdots & 1\end{bmatrix}\begin{bmatrix}1 & x^{(0)}(1)d_1 \\ 1 & x^{(0)}(2)d_1 \\ \vdots & \vdots \\ 0 & x^{(0)}(n-2)d_1 \\ 0 & x^{(0)}(n-1)d_1\end{bmatrix}
$$

$$
=\begin{bmatrix}1 & 0 & 0 & 0 & \cdots & 0 \\ 1 & 1 & 0 & 0 & \cdots & 0 \\ \vdots & \vdots & \vdots & \vdots & & \vdots \\ 1 & 1 & 1 & 1 & \cdots & 0 \\ 1 & 1 & 1 & 1 & \cdots & 1\end{bmatrix}\begin{bmatrix}\frac{1}{n} & \frac{1}{n} & \cdots & \frac{1}{n} & \frac{1}{n} \\ 0 & \frac{1}{n-1} & \cdots & \frac{1}{n-1} & \frac{1}{n-1} \\ \vdots & \vdots & & \vdots & \vdots \\ 0 & 0 & \cdots & \frac{1}{2} & \frac{1}{2}\end{bmatrix}\begin{bmatrix}n & x^{(0)}(1) \\ 0 & x^{(0)}(2) \\ \vdots & \vdots \\ 0 & x^{(0)}(n-1) \\ 0 & x^{(0)}(n)\end{bmatrix}
$$

$$
=\begin{bmatrix}\frac{1}{n} & \frac{1}{n} & \cdots & \frac{1}{n} & \frac{1}{n} \\ \frac{1}{n} & \frac{2n-1}{n(n-1)} & \cdots & \frac{2n-1}{n(n-1)} & \frac{2n-1}{n(n-1)} \\ \vdots & \vdots & & \vdots & \vdots \\ \frac{1}{n} & \frac{2n-1}{n(n-1)} & \cdots & \sum_{k=3}^{n}\frac{1}{k} & \sum_{k=3}^{n}\frac{1}{k} \\ \frac{1}{n} & \frac{2n-1}{n(n-1)} & \cdots & \sum_{k=2}^{n}\frac{1}{k} & \sum_{k=2}^{n}\frac{1}{k}\end{bmatrix}\begin{bmatrix}n & x^{(0)}(1) \\ 0 & x^{(0)}(2) \\ \vdots & \vdots \\ 0 & x^{(0)}(n-1) \\ 0 & x^{(0)}(n)\end{bmatrix}
$$

$$
\boldsymbol{Y}=\begin{bmatrix} x^{(1)}(2)d_1 \\ x^{(1)}(3)d_1 \\ \vdots \\ x^{(1)}(n-1)d_1 \\ x^{(1)}(n)d_1 \end{bmatrix}=\begin{bmatrix} 1 & 1 & 0 & 0 & \cdots & 0 \\ 1 & 1 & 1 & 0 & \cdots & 0 \\ \vdots & \vdots & \vdots & \vdots & & \vdots \\ 1 & 1 & 1 & 1 & \cdots & 0 \\ 1 & 1 & 1 & 1 & \cdots & 1 \end{bmatrix}_{(n-1)\times n}\begin{bmatrix} x^{(0)}(1)d_1 \\ x^{(0)}(2)d_1 \\ \vdots \\ x^{(0)}(n-1)d_1 \\ x^{(0)}(n)d_1 \end{bmatrix}
$$

$$
=\begin{bmatrix} 1 & 1 & 0 & 0 & \cdots & 0 \\ 1 & 1 & 1 & 0 & \cdots & 0 \\ \vdots & \vdots & \vdots & \vdots & & \vdots \\ 1 & 1 & 1 & 1 & \cdots & 0 \\ 1 & 1 & 1 & 1 & \cdots & 1 \end{bmatrix}_{(n-1)\times n}\begin{bmatrix} \frac{1}{n} & \frac{1}{n} & \cdots & \frac{1}{n} & \frac{1}{n} \\ 0 & \frac{1}{n-1} & \cdots & \frac{1}{n-1} & \frac{1}{n-1} \\ \vdots & \vdots & & \vdots & \vdots \\ 0 & 0 & \cdots & \frac{1}{2} & \frac{1}{2} \\ 0 & 0 & \cdots & 0 & 1 \end{bmatrix}_{n\times n}\begin{bmatrix} x^{(0)}(1) \\ x^{(0)}(2) \\ \vdots \\ x^{(0)}(n-1) \\ x^{(0)}(n) \end{bmatrix}
$$

$$
=\begin{bmatrix} \frac{1}{n} & \frac{2n-1}{n(n-1)} & \cdots & \frac{2n-1}{n(n-1)} & \frac{2n-1}{n(n-1)} \\ \frac{1}{n} & \frac{2n-1}{n(n-1)} & \cdots & \frac{2n-1}{n(n-1)} & \frac{2n-1}{n(n-1)} \\ \vdots & \vdots & & \vdots & \vdots \\ \frac{1}{n} & \frac{2n-1}{n(n-1)} & \cdots & \sum_{k=2}^{n}\frac{1}{k} & \sum_{k=2}^{n}\frac{1}{k} \\ \frac{1}{n} & \frac{2n-1}{n(n-1)} & \cdots & \sum_{k=2}^{n}\frac{1}{k} & \sum_{k=1}^{n}\frac{1}{k} \end{bmatrix}_{(n-1)\times n}\begin{bmatrix} x^{(0)}(1) \\ x^{(0)}(2) \\ \vdots \\ x^{(0)}(n-1) \\ x^{(0)}(n) \end{bmatrix}
$$

（2）显然 $\boldsymbol{B}$ 的列向量线性无关，如果 $\boldsymbol{B}$ 的列向量线性相关，研究这样的序列无意义，由定理 2.1.1 得唯一解 $x=\boldsymbol{A}^{\dagger}b$ 。如果只发生扰动 $\hat{x}^{(0)}(1)=x^{(0)}(1)+\varepsilon$ ，$\boldsymbol{B}$ 变为

$$
\hat{\boldsymbol{B}}=\begin{bmatrix} \frac{1}{n} & \frac{1}{n} & \cdots & \frac{1}{n} & \frac{1}{n} \\ \frac{1}{n} & \frac{2n-1}{n(n-1)} & \cdots & \frac{2n-1}{n(n-1)} & \frac{2n-1}{n(n-1)} \\ \vdots & \vdots & & \vdots & \vdots \\ \frac{1}{n} & \frac{2n-1}{n(n-1)} & \cdots & \sum_{k=3}^{n}\frac{1}{k} & \sum_{k=3}^{n}\frac{1}{k} \\ \frac{1}{n} & \frac{2n-1}{n(n-1)} & \cdots & \sum_{k=2}^{n}\frac{1}{k} & \sum_{k=2}^{n}\frac{1}{k} \end{bmatrix}\begin{bmatrix} n & x^{(0)}(1)+\varepsilon \\ 0 & x^{(0)}(2) \\ \vdots & \vdots \\ 0 & x^{(0)}(n) \end{bmatrix}
$$

$$=\boldsymbol{B}+\begin{bmatrix}\frac{1}{n} & \frac{1}{n} & \cdots & \frac{1}{n} & \frac{1}{n}\\ \frac{1}{n} & \frac{2n-1}{n(n-1)} & \cdots & \frac{2n-1}{n(n-1)} & \frac{2n-1}{n(n-1)}\\ \vdots & \vdots & & \vdots & \vdots\\ \frac{1}{n} & \frac{2n-1}{n(n-1)} & \cdots & \sum_{k=3}^{n}\frac{1}{k} & \sum_{k=3}^{n}\frac{1}{k}\\ \frac{1}{n} & \frac{2n-1}{n(n-1)} & \cdots & \sum_{k=2}^{n}\frac{1}{k} & \sum_{k=2}^{n}\frac{1}{k}\end{bmatrix}\begin{bmatrix}0 & \varepsilon\\ 0 & 0\\ \vdots & \vdots\\ 0 & 0\end{bmatrix}=\boldsymbol{B}+\begin{bmatrix}0 & \frac{\varepsilon}{n}\\ 0 & \frac{\varepsilon}{n}\\ \vdots & \vdots\\ 0 & \frac{\varepsilon}{n}\\ 0 & \frac{\varepsilon}{n}\end{bmatrix}$$

可得，$\Delta\boldsymbol{B}=\begin{bmatrix}0 & \frac{\varepsilon}{n}\\ 0 & \frac{\varepsilon}{n}\\ \vdots & \vdots\\ 0 & \frac{\varepsilon}{n}\\ 0 & \frac{\varepsilon}{n}\end{bmatrix}_{(n-1)\times 2}$，$\Delta\boldsymbol{B}^{\mathrm{T}}\Delta\boldsymbol{B}=\begin{bmatrix}0 & 0\\ 0 & (n-1)\frac{\varepsilon^2}{n^2}\end{bmatrix}$，$\Delta\boldsymbol{B}^{\mathrm{T}}\Delta\boldsymbol{B}$ 的最大特征根为 $(n-1)\frac{\varepsilon^2}{n^2}$，所以 $\|\Delta\boldsymbol{B}\|_2=\sqrt{\lambda_{\max}(\Delta\boldsymbol{B}^{\mathrm{T}}\Delta\boldsymbol{B})}=\sqrt{n-1}\frac{|\varepsilon|}{n}$。$\boldsymbol{Y}$ 变为

$$\hat{\boldsymbol{Y}}=\begin{bmatrix}\frac{1}{n} & \frac{2n-1}{n(n-1)} & \cdots & \frac{2n-1}{n(n-1)} & \frac{2n-1}{n(n-1)}\\ \frac{1}{n} & \frac{2n-1}{n(n-1)} & \cdots & \frac{2n-1}{n(n-1)} & \frac{2n-1}{n(n-1)}\\ \vdots & \vdots & & \vdots & \vdots\\ \frac{1}{n} & \frac{2n-1}{n(n-1)} & \cdots & \sum_{k=2}^{n}\frac{1}{k} & \sum_{k=2}^{n}\frac{1}{k}\\ \frac{1}{n} & \frac{2n-1}{n(n-1)} & \cdots & \sum_{k=2}^{n}\frac{1}{k} & \sum_{k=1}^{n}\frac{1}{k}\end{bmatrix}_{(n-1)\times n}\begin{bmatrix}x^{(0)}(1)+\varepsilon\\ x^{(0)}(2)\\ \vdots\\ x^{(0)}(n-1)\\ x^{(0)}(n)\end{bmatrix}$$

$$
=\boldsymbol{Y}+\begin{bmatrix}
\frac{1}{n} & \frac{2n-1}{n(n-1)} & \cdots & \frac{2n-1}{n(n-1)} & \frac{2n-1}{n(n-1)} \\
\frac{1}{n} & \frac{2n-1}{n(n-1)} & \cdots & \frac{2n-1}{n(n-1)} & \frac{2n-1}{n(n-1)} \\
\vdots & \vdots & & \vdots & \vdots \\
\frac{1}{n} & \frac{2n-1}{n(n-1)} & \cdots & \sum_{k=2}^{n}\frac{1}{k} & \sum_{k=2}^{n}\frac{1}{k} \\
\frac{1}{n} & \frac{2n-1}{n(n-1)} & \cdots & \sum_{k=2}^{n}\frac{1}{k} & \sum_{k=1}^{n}\frac{1}{k}
\end{bmatrix}_{(n-1)\times n}\begin{bmatrix}\varepsilon\\0\\\vdots\\0\\0\end{bmatrix}=\boldsymbol{Y}+\begin{bmatrix}\frac{\varepsilon}{n}\\\frac{\varepsilon}{n}\\\vdots\\\frac{\varepsilon}{n}\\\frac{\varepsilon}{n}\end{bmatrix}
$$

可得 $\Delta\boldsymbol{Y}=\begin{bmatrix}\frac{\varepsilon}{n}\\\frac{\varepsilon}{n}\\\vdots\\\frac{\varepsilon}{n}\\\frac{\varepsilon}{n}\end{bmatrix}$，$\|\Delta\boldsymbol{Y}\|_2=\sqrt{\frac{(n-1)}{n^2}\varepsilon^2}=\frac{\sqrt{(n-1)}|\varepsilon|}{n}$。

由定理 2.1.2 得

$$
\|\Delta x\|\leqslant\frac{\kappa_\dagger}{\gamma_\dagger}\left(\frac{\|\Delta\boldsymbol{B}\|_2}{\|\boldsymbol{B}\|}\|x\|+\frac{\|\Delta\boldsymbol{Y}\|}{\|\boldsymbol{B}\|}+\frac{\kappa_\dagger}{\gamma_\dagger}\frac{\|\Delta\boldsymbol{B}\|_2}{\|\boldsymbol{B}\|}\frac{\|r_x\|}{\|\boldsymbol{B}\|}\right)=\frac{\sqrt{n-1}}{n}|\varepsilon|\frac{\kappa_\dagger}{\gamma_\dagger}\left(\frac{\|x\|}{\|\boldsymbol{B}\|}+\frac{1}{\|\boldsymbol{B}\|}+\frac{\kappa_\dagger}{\gamma_\dagger}\frac{1}{\|\boldsymbol{B}\|}\frac{\|r_x\|}{\|\boldsymbol{B}\|}\right),
$$

即扰动 $\hat{x}^{(0)}(1)=x^{(0)}(1)+\varepsilon$ 时，参数估计值的扰动界记为 $L[x^{(0)}(1)]$，

$$
L[x^{(0)}(1)]=\frac{\sqrt{n-1}}{n}|\varepsilon|\frac{\kappa_\dagger}{\gamma_\dagger}\left(\frac{\|x\|}{\|\boldsymbol{B}\|}+\frac{1}{\|\boldsymbol{B}\|}+\frac{\kappa_\dagger}{\gamma_\dagger}\frac{1}{\|\boldsymbol{B}\|}\frac{\|r_x\|}{\|\boldsymbol{B}\|}\right)
$$

（3）如果只有一个数据发生扰动 $\hat{x}^{(0)}(r)=x^{(0)}(r)+\varepsilon$，$r=2,3,\cdots,n$，$\boldsymbol{B}$ 变为

$$
\hat{\boldsymbol{B}}=\begin{bmatrix}
\frac{1}{n} & \frac{1}{n} & \cdots & \frac{1}{n} & \frac{1}{n} \\
\frac{1}{n} & \frac{2n-1}{n(n-1)} & \cdots & \frac{2n-1}{n(n-1)} & \frac{2n-1}{n(n-1)} \\
\vdots & \vdots & & \vdots & \vdots \\
\frac{1}{n} & \frac{2n-1}{n(n-1)} & \cdots & \sum_{k=3}^{n}\frac{1}{k} & \sum_{k=3}^{n}\frac{1}{k} \\
\frac{1}{n} & \frac{2n-1}{n(n-1)} & \cdots & \sum_{k=2}^{n}\frac{1}{k} & \sum_{k=2}^{n}\frac{1}{k}
\end{bmatrix}_{(n-1)\times n}\begin{bmatrix}
n & x^{(0)}(1) \\
0 & x^{(0)}(2) \\
\vdots & \vdots \\
0 & x^{(0)}(r)+\varepsilon \\
\vdots & \vdots \\
0 & x^{(0)}(n)
\end{bmatrix}=\boldsymbol{B}+\begin{bmatrix}
0 & \frac{\varepsilon}{n} \\
0 & \sum_{k=n-1}^{n}\frac{\varepsilon}{k} \\
\vdots & \vdots \\
0 & \sum_{k=n-r}^{n}\frac{\varepsilon}{k} \\
\vdots & \vdots \\
0 & \sum_{k=2}^{n}\frac{\varepsilon}{k}
\end{bmatrix}
$$

可得 $\Delta\boldsymbol{B}=\begin{bmatrix}0 & \dfrac{\varepsilon}{n}\\ 0 & \sum\limits_{k=n-1}^{n}\dfrac{\varepsilon}{k}\\ \vdots & \vdots\\ 0 & \sum\limits_{k=n-r}^{n}\dfrac{\varepsilon}{k}\\ \vdots & \vdots\\ 0 & \sum\limits_{k=2}^{n}\dfrac{\varepsilon}{k}\end{bmatrix}_{(n-1)\times 2}$，$\Delta\boldsymbol{B}^{\mathrm{T}}\Delta\boldsymbol{B}=\begin{bmatrix}0 & 0\\ 0 & \sum\limits_{r=2}^{n}\left(\sum\limits_{k=n-r}^{n}\dfrac{\varepsilon}{k}\right)^2\end{bmatrix}$，$\Delta\boldsymbol{B}^{\mathrm{T}}\Delta\boldsymbol{B}$ 的最大特征根为 $\sum\limits_{r=2}^{n}\left(\sum\limits_{k=n-r}^{n}\dfrac{\varepsilon}{k}\right)^2$，所以 $\|\Delta\boldsymbol{B}\|_2=\sqrt{\lambda_{\max}(\Delta\boldsymbol{B}^{\mathrm{T}}\Delta\boldsymbol{B})}=\sqrt{\sum\limits_{r=2}^{n}\left(\sum\limits_{k=n-r}^{n}\dfrac{\varepsilon}{k}\right)^2}\,|\varepsilon|$。

$\boldsymbol{Y}$ 变为

$$\hat{\boldsymbol{Y}}=\begin{bmatrix}\dfrac{1}{n} & \dfrac{2n-1}{n(n-1)} & \cdots & \dfrac{2n-1}{n(n-1)} & \dfrac{2n-1}{n(n-1)}\\ \dfrac{1}{n} & \dfrac{2n-1}{n(n-1)} & \cdots & \dfrac{2n-1}{n(n-1)} & \dfrac{2n-1}{n(n-1)}\\ \vdots & \vdots & & \vdots & \vdots\\ \dfrac{1}{n} & \dfrac{2n-1}{n(n-1)} & \cdots & \sum\limits_{k=2}^{n}\dfrac{1}{k} & \sum\limits_{k=2}^{n}\dfrac{1}{k}\\ \dfrac{1}{n} & \dfrac{2n-1}{n(n-1)} & \cdots & \sum\limits_{k=2}^{n}\dfrac{1}{k} & \sum\limits_{k=1}^{n}\dfrac{1}{k}\end{bmatrix}_{(n-1)\times n}\begin{bmatrix}x^{(0)}(1)\\ x^{(0)}(2)\\ \vdots\\ x^{(0)}(r)+\varepsilon\\ \vdots\\ x^{(0)}(n)\end{bmatrix}=\boldsymbol{Y}+\begin{bmatrix}\sum\limits_{k=n-1}^{n}\dfrac{\varepsilon}{k}\\ \sum\limits_{k=n-1}^{n}\dfrac{\varepsilon}{k}\\ \vdots\\ \sum\limits_{k=n-r}^{n}\dfrac{\varepsilon}{k}\\ \vdots\\ \sum\limits_{k=2}^{n}\dfrac{\varepsilon}{k}\end{bmatrix}$$

可得 $\|\Delta\boldsymbol{Y}\|_2=\sqrt{\sum\limits_{r=2}^{n}\left(\sum\limits_{k=n-r}^{n}\dfrac{\varepsilon}{k}\right)^2}=\sqrt{\sum\limits_{r=2}^{n}\left(\sum\limits_{k=n-r}^{n}\dfrac{1}{k}\right)^2}\,|\varepsilon|$。

由定理 2.1.2 得

$$\|\Delta x\|\leqslant\frac{\kappa_{\dagger}}{\gamma_{\dagger}}\left(\frac{\|\Delta\boldsymbol{B}\|_2}{\|\boldsymbol{B}\|}\|x\|+\frac{\|\Delta\boldsymbol{Y}\|}{\|\boldsymbol{B}\|}+\frac{\kappa_{\dagger}}{\gamma_{\dagger}}\frac{\|\Delta\boldsymbol{B}\|_2}{\|\boldsymbol{B}\|}\frac{\|r_x\|}{\|\boldsymbol{B}\|}\right)=\sqrt{\sum_{r=2}^{n}\left(\sum_{k=n-r}^{n}\frac{1}{k}\right)^2}\,|\varepsilon|\frac{\kappa_{\dagger}}{\gamma_{\dagger}}\left(\frac{\|x\|}{\|\boldsymbol{B}\|}+\frac{1}{\|\boldsymbol{B}\|}+\frac{\kappa_{\dagger}}{\gamma_{\dagger}}\frac{1}{\|\boldsymbol{B}\|}\frac{\|r_x\|}{\|\boldsymbol{B}\|}\right)$$

即扰动 $\hat{x}^{(0)}(r)=x^{(0)}(r)+\varepsilon$ 时，参数估计值的扰动界记为 $L[x^{(0)}(r)]$，

$$L[x^{(0)}(r)]=\sqrt{\sum_{r=2}^{n}\left(\sum_{k=n-r}^{n}\frac{1}{k}\right)^2}\,|\varepsilon|\frac{\kappa_{\dagger}}{\gamma_{\dagger}}\left(\frac{\|x\|}{\|\boldsymbol{B}\|}+\frac{1}{\|\boldsymbol{B}\|}+\frac{\kappa_{\dagger}}{\gamma_{\dagger}}\frac{1}{\|\boldsymbol{B}\|}\frac{\|r_x\|}{\|\boldsymbol{B}\|}\right)$$

（4）可以看出$L[x^{(0)}(r)]$中的$\sqrt{\sum_{r=2}^{n}\left(\sum_{k=n-r}^{n}\frac{1}{k}\right)^2}$是关于$r$的增函数，$L[x^{(0)}(r)]$中的

$$|\varepsilon|\frac{\kappa_{\dagger}}{\gamma_{\dagger}}\left(\frac{\|x\|}{\|\boldsymbol{B}\|}+\frac{1}{\|\boldsymbol{B}\|}+\frac{\kappa_{\dagger}}{\gamma_{\dagger}}\frac{1}{\|\boldsymbol{B}\|}\frac{\|r_x\|}{\|\boldsymbol{B}\|}\right)$$

保持不变，即在扰动都是ε的情况下，越新的数据发生扰动，参数估计值的扰动界越大，证毕。

经典弱化缓冲算子是加权平均弱化缓冲算子的特例，利用以上方法可证得：经过经典弱化缓冲算子作用后的序列建立离散灰色模型，在扰动都是ε的情况下，越新的数据发生扰动，参数估计值的扰动界越大。也就是越新的数据对参数估计值影响越大，可以理解为越新的数据在建模中的权重越大。

因此从扰动界变化的情况看，经典弱化缓冲算子既考虑原始数据第n个分量的优先性，又考虑第$n-1$个分量的优先性，且第n个分量比第$n-1$个分量优先，以此类推，第2个分量比第1个分量优先。

6.2 变权弱化缓冲算子的新信息优先性

定义 6.2.1[130] 设$X^{(0)}=\left(x^{(0)}(1),x^{(0)}(2),\cdots,x^{(0)}(n)\right)$为非负的原始数据，令

$$X^{(0)}D=\left(x^{(0)}(1)d,x^{(0)}(2)d,\cdots,x^{(0)}(n)d\right),\quad x^{(0)}(k)d=\lambda x^{(0)}(n)+(1-\lambda)x^{(0)}(k)$$

其中，λ是可变权重，$0<\lambda<1,k=1,2,\cdots,n$，称$D$为变权弱化缓冲算子。

为证明简单，取变权弱化缓冲算子的特例$x^{(0)}(k)d_2=\dfrac{(n-1)x^{(0)}(k)+x^{(0)}(n)}{n}$[113]。对于其他变权弱化缓冲算子，可以得到同样结论。

定理 6.2.1 利用变权弱化缓冲算子作用后的序列建立灰色离散模型

$$x^{(1)}(k+1)d_2=\beta_1 x^{(1)}(k)d_2+\beta_2$$

其解

$$\begin{pmatrix}\beta_2\\ \beta_1\end{pmatrix}=(\boldsymbol{B}^{\mathrm{T}}\boldsymbol{B})^{-1}\boldsymbol{B}^{\mathrm{T}}\boldsymbol{Y}$$

其中

$$B=\begin{bmatrix}1 & x^{(1)}(1)d_2\\ 1 & x^{(1)}(2)d_2\\ \vdots & \vdots\\ 1 & x^{(1)}(n-2)d_2\\ 1 & x^{(1)}(n-1)d_2\end{bmatrix},\quad Y=\begin{bmatrix}x^{(1)}(2)d_2\\ x^{(1)}(3)d_2\\ \vdots\\ x^{(1)}(n-1)d_2\\ x^{(1)}(n)d_2\end{bmatrix},\quad x^{(1)}(k)d_2=\sum_{k=1}^{n}x^{(0)}(k)d_2,\ k=1,2,\cdots,n。$$

如果序列 $X^{(0)}=\left(x^{(0)}(1),x^{(0)}(2),\cdots,x^{(0)}(n)\right)$ 中只有一个数据发生扰动

$$\hat{x}^{(0)}(r)=x^{(0)}(r)+\varepsilon,\ r=1,2,\cdots,n-1$$

则越新的数据发生扰动，参数估计值的扰动界越小。

证明：（1）已知

$$B=\begin{bmatrix}1 & x^{(1)}(1)d_2\\ 1 & x^{(1)}(2)d_2\\ \vdots & \vdots\\ 1 & x^{(1)}(n-2)d_2\\ 1 & x^{(1)}(n-1)d_2\end{bmatrix}=\begin{bmatrix}1&0&0&0&\cdots&0\\1&1&0&0&\cdots&0\\ \vdots&\vdots&\vdots&\vdots&&\vdots\\1&1&1&1&\cdots&0\\1&1&1&1&\cdots&1\end{bmatrix}_{(n-1)\times(n-1)}\begin{bmatrix}1 & x^{(0)}(1)d_2\\ 0 & x^{(0)}(2)d_2\\ \vdots & \vdots\\ 0 & x^{(0)}(n-2)d_2\\ 0 & x^{(0)}(n-1)d_2\end{bmatrix}_{(n-1)\times 2}$$

$$=\begin{bmatrix}1&0&0&0&\cdots&0\\1&1&0&0&\cdots&0\\ \vdots&\vdots&\vdots&\vdots&&\vdots\\1&1&1&1&\cdots&0\\1&1&1&1&\cdots&1\end{bmatrix}_{(n-1)\times(n-1)}\begin{bmatrix}\frac{n-1}{n}&0&\cdots&0&\frac{1}{n}\\ 0&\frac{n-1}{n}&\cdots&0&\frac{1}{n}\\ \vdots&\vdots&&\vdots&\vdots\\ 0&0&\cdots&\frac{n-1}{n}&\frac{1}{n}\end{bmatrix}_{(n-1)\times n}\begin{bmatrix}\frac{n}{n-1}&x^{(0)}(1)\\0&x^{(0)}(2)\\ \vdots&\vdots\\0&x^{(0)}(n-1)\\0&x^{(0)}(n)\end{bmatrix}_{n\times 2}$$

$$=\begin{bmatrix}\frac{n-1}{n}&0&\cdots&0&\frac{1}{n}\\ \frac{n-1}{n}&\frac{n-1}{n}&\cdots&0&\frac{2}{n}\\ \vdots&\vdots&&\vdots&\vdots\\ \frac{n-1}{n}&\frac{n-1}{n}&\cdots&0&\frac{n-2}{n}\\ \frac{n-1}{n}&\frac{n-1}{n}&\cdots&\frac{n-1}{n}&\frac{n-1}{n}\end{bmatrix}_{(n-1)\times n}\begin{bmatrix}\frac{n}{n-1}&x^{(0)}(1)\\0&x^{(0)}(2)\\ \vdots&\vdots\\0&x^{(0)}(n-1)\\0&x^{(0)}(n)\end{bmatrix}_{n\times 2}$$

$$
\boldsymbol{Y}=\begin{bmatrix} x^{(1)}(2)d_2 \\ x^{(1)}(3)d_2 \\ \vdots \\ x^{(1)}(n-1)d_2 \\ x^{(1)}(n)d_2 \end{bmatrix}=\begin{bmatrix} 1 & 1 & 0 & 0 & \cdots & 0 \\ 1 & 1 & 1 & 0 & \cdots & 0 \\ \vdots & \vdots & \vdots & \vdots & & \vdots \\ 1 & 1 & 1 & 1 & \cdots & 0 \\ 1 & 1 & 1 & 1 & \cdots & 1 \end{bmatrix}_{(n-1)\times n}\begin{bmatrix} x^{(0)}(1)d_2 \\ x^{(0)}(2)d_2 \\ \vdots \\ x^{(0)}(n-1)d_2 \\ x^{(0)}(n)d_2 \end{bmatrix}
$$

$$
=\begin{bmatrix} 1 & 1 & 0 & 0 & \cdots & 0 \\ 1 & 1 & 1 & 0 & \cdots & 0 \\ \vdots & \vdots & \vdots & \vdots & & \vdots \\ 1 & 1 & 1 & 1 & \cdots & 0 \\ 1 & 1 & 1 & 1 & \cdots & 1 \end{bmatrix}_{(n-1)\times n}\begin{bmatrix} \frac{n-1}{n} & 0 & \cdots & 0 & \frac{1}{n} \\ 0 & \frac{n-1}{n} & \cdots & 0 & \frac{1}{n} \\ \vdots & \vdots & & \vdots & \vdots \\ 0 & 0 & \cdots & \frac{n-1}{n} & \frac{1}{n} \\ 0 & 0 & \cdots & 0 & 1 \end{bmatrix}_{n\times n}\begin{bmatrix} x^{(0)}(1) \\ x^{(0)}(2) \\ \vdots \\ x^{(0)}(n-1) \\ x^{(0)}(n) \end{bmatrix}
$$

$$
=\begin{bmatrix} \frac{n-1}{n} & \frac{n-1}{n} & \cdots & 0 & \frac{2}{n} \\ \frac{n-1}{n} & \frac{n-1}{n} & \cdots & 0 & \frac{3}{n} \\ \vdots & \vdots & & \vdots & \vdots \\ \frac{n-1}{n} & \frac{n-1}{n} & \cdots & \frac{n-1}{n} & \frac{n-1}{n} \\ \frac{n-1}{n} & \frac{n-1}{n} & \cdots & \frac{n-1}{n} & \frac{2n-1}{n} \end{bmatrix}_{(n-1)\times n}\begin{bmatrix} x^{(0)}(1) \\ x^{(0)}(2) \\ \vdots \\ x^{(0)}(n-1) \\ x^{(0)}(n) \end{bmatrix}
$$

（2）如果只发生扰动 $\hat{x}^{(0)}(1)=x^{(0)}(1)+\varepsilon$，$\boldsymbol{B}$ 变为

$$
\hat{\boldsymbol{B}}=\begin{bmatrix} \frac{n-1}{n} & 0 & \cdots & 0 & \frac{1}{n} \\ \frac{n-1}{n} & \frac{n-1}{n} & \cdots & 0 & \frac{2}{n} \\ \vdots & \vdots & & \vdots & \vdots \\ \frac{n-1}{n} & \frac{n-1}{n} & \cdots & 0 & \frac{n-2}{n} \\ \frac{n-1}{n} & \frac{n-1}{n} & \cdots & \frac{n-1}{n} & \frac{n-1}{n} \end{bmatrix}\begin{bmatrix} \frac{n}{n-1} & x^{(0)}(1)+\varepsilon \\ 0 & x^{(0)}(2) \\ \vdots & \vdots \\ 0 & x^{(0)}(n-1) \\ 0 & x^{(0)}(n) \end{bmatrix}=\boldsymbol{B}+\begin{bmatrix} 0 & \frac{(n-1)\varepsilon}{n} \\ 0 & \frac{(n-1)\varepsilon}{n} \\ \vdots & \vdots \\ 0 & \frac{(n-1)\varepsilon}{n} \\ 0 & \frac{(n-1)\varepsilon}{n} \end{bmatrix}
$$

可得 $\Delta \boldsymbol{B}=\begin{bmatrix} 0 & \frac{(n-1)\varepsilon}{n} \\ 0 & \frac{(n-1)\varepsilon}{n} \\ \vdots & \vdots \\ 0 & \frac{(n-1)\varepsilon}{n} \\ 0 & \frac{(n-1)\varepsilon}{n} \end{bmatrix}_{(n-1)\times 2}$，$\Delta \boldsymbol{B}^{\mathrm{T}}\Delta \boldsymbol{B}=\begin{pmatrix} 0 & 0 \\ 0 & \frac{(n-1)^3\varepsilon^2}{n^2} \end{pmatrix}$，$\Delta \boldsymbol{B}^{\mathrm{T}}\Delta \boldsymbol{B}$ 的最大特征根为 $\frac{(n-1)^3\varepsilon^2}{n^2}$，所以 $\|\Delta \boldsymbol{B}\|_2=\sqrt{\lambda_{\max}(\Delta \boldsymbol{B}^{\mathrm{T}}\Delta \boldsymbol{B})}=\frac{(n-1)\sqrt{n-1}|\varepsilon|}{n}$。

$\boldsymbol{Y}$ 变为

$$\hat{\boldsymbol{Y}}=\begin{bmatrix} \frac{n-1}{n} & \frac{n-1}{n} & \cdots & 0 & \frac{2}{n} \\ \frac{n-1}{n} & \frac{n-1}{n} & \cdots & 0 & \frac{3}{n} \\ \vdots & \vdots & & \vdots & \vdots \\ \frac{n-1}{n} & \frac{n-1}{n} & \cdots & \frac{n-1}{n} & \frac{n-1}{n} \\ \frac{n-1}{n} & \frac{n-1}{n} & \cdots & \frac{n-1}{n} & \frac{2n-1}{n} \end{bmatrix}\begin{bmatrix} x^{(0)}(1)+\varepsilon \\ x^{(0)}(2) \\ \vdots \\ x^{(0)}(n-1) \\ x^{(0)}(n) \end{bmatrix}=\boldsymbol{Y}+\begin{bmatrix} \frac{(n-1)\varepsilon}{n} \\ \frac{(n-1)\varepsilon}{n} \\ \vdots \\ \frac{(n-1)\varepsilon}{n} \\ \frac{(n-1)\varepsilon}{n} \end{bmatrix}$$

可得 $\Delta \boldsymbol{Y}=\begin{bmatrix} \frac{(n-1)\varepsilon}{n} \\ \frac{(n-1)\varepsilon}{n} \\ \vdots \\ \frac{(n-1)\varepsilon}{n} \\ \frac{(n-1)\varepsilon}{n} \end{bmatrix}$，$\|\Delta \boldsymbol{Y}\|_2=\sqrt{\frac{(n-1)^3}{n^2}\varepsilon^2}=\frac{(n-1)\sqrt{(n-1)}|\varepsilon|}{n}$。

由定理 2.1.2 得

$$\begin{aligned}\|\Delta x\| &\leqslant \frac{\kappa_{\dagger}}{\gamma_{\dagger}}\left(\frac{\|\Delta \boldsymbol{B}\|_2}{\|\boldsymbol{B}\|}\|x\|+\frac{\|\Delta \boldsymbol{Y}\|}{\|\boldsymbol{B}\|}+\frac{\kappa_{\dagger}}{\gamma_{\dagger}}\frac{\|\Delta \boldsymbol{B}\|_2}{\|\boldsymbol{B}\|}\frac{\|r_x\|}{\|\boldsymbol{B}\|}\right) \\ &=\frac{(n-1)\sqrt{n-1}}{n}|\varepsilon|\frac{\kappa_{\dagger}}{\gamma_{\dagger}}\left(\frac{\|x\|}{\|\boldsymbol{B}\|}+\frac{1}{\|\boldsymbol{B}\|}+\frac{\kappa_{\dagger}}{\gamma_{\dagger}}\frac{1}{\|\boldsymbol{B}\|}\frac{\|r_x\|}{\|\boldsymbol{B}\|}\right),\end{aligned}$$

即扰动 $\hat{x}^{(0)}(1)=x^{(0)}(1)+\varepsilon$ 时，参数估计值的扰动界记为 $L[x^{(0)}(1)]$，

$$L[x^{(0)}(1)]=\frac{(n-1)\sqrt{n-1}}{n}|\varepsilon|\frac{\kappa_{\dagger}}{\gamma_{\dagger}}\left(\frac{\|x\|}{\|\boldsymbol{B}\|}+\frac{1}{\|\boldsymbol{B}\|}+\frac{\kappa_{\dagger}}{\gamma_{\dagger}}\frac{1}{\|\boldsymbol{B}\|}\frac{\|r_x\|}{\|\boldsymbol{B}\|}\right)$$

（3）如果只发生扰动 $\hat{x}^{(0)}(r)=x^{(0)}(r)+\varepsilon$，$r=2,3,\cdots,n-1$，$\boldsymbol{B}$ 变为

$$\hat{\boldsymbol{B}}=\begin{bmatrix}\frac{n-1}{n} & 0 & \cdots & 0 & \frac{1}{n}\\ \frac{n-1}{n} & \frac{n-1}{n} & \cdots & 0 & \frac{2}{n}\\ \vdots & \vdots & & \vdots & \vdots\\ \frac{n-1}{n} & \frac{n-1}{n} & \cdots & 0 & \frac{n-2}{n}\\ \frac{n-1}{n} & \frac{n-1}{n} & \cdots & \frac{n-1}{n} & \frac{n-1}{n}\end{bmatrix}_{(n-1)\times n}\begin{bmatrix}\frac{n}{n-1} & x^{(0)}(1)\\ 0 & x^{(0)}(2)\\ \vdots & \vdots\\ 0 & x^{(0)}(r)+\varepsilon\\ \vdots & \vdots\\ 0 & x^{(0)}(n)\end{bmatrix}=\boldsymbol{B}+\begin{bmatrix}0 & 0\\ 0 & 0\\ \vdots & \vdots\\ 0 & \frac{n-1}{n}\varepsilon\\ \vdots & \vdots\\ 0 & \frac{n-1}{n}\varepsilon\end{bmatrix}_{(n-1)\times 2}$$

可得 $\Delta\boldsymbol{B}=\begin{bmatrix}0 & 0\\ 0 & 0\\ \vdots & \vdots\\ 0 & \frac{n-1}{n}\varepsilon\\ \vdots & \vdots\\ 0 & \frac{n-1}{n}\varepsilon\end{bmatrix}_{(n-1)\times 2}$，$\Delta\boldsymbol{B}^{\mathrm{T}}\Delta\boldsymbol{B}=\begin{pmatrix}0 & 0\\ 0 & (n-r)\left(\frac{n-1}{n}\varepsilon\right)^2\end{pmatrix}$，$\Delta\boldsymbol{B}^{\mathrm{T}}\Delta\boldsymbol{B}$ 的最大特征根为 $(n-r)\left(\frac{n-1}{n}\varepsilon\right)^2$，所以 $\|\Delta\boldsymbol{B}\|_2=\sqrt{\lambda_{\max}(\Delta\boldsymbol{B}^{\mathrm{T}}\Delta\boldsymbol{B})}=\frac{n-1}{n}\sqrt{(n-r)}|\varepsilon|$。

$\boldsymbol{Y}$ 变为

$$\hat{\boldsymbol{Y}}=\begin{bmatrix}\frac{n-1}{n} & \frac{n-1}{n} & \cdots & 0 & \frac{2}{n}\\ \frac{n-1}{n} & \frac{n-1}{n} & \cdots & 0 & \frac{3}{n}\\ \vdots & \vdots & & \vdots & \vdots\\ \frac{n-1}{n} & \frac{n-1}{n} & \cdots & \frac{n-1}{n} & \frac{n-1}{n}\\ \frac{n-1}{n} & \frac{n-1}{n} & \cdots & \frac{n-1}{n} & \frac{2n-1}{n}\end{bmatrix}_{(n-1)\times n}\begin{bmatrix}x^{(0)}(1)\\ x^{(0)}(2)\\ \vdots\\ x^{(0)}(r)+\varepsilon\\ \vdots\\ x^{(0)}(n)\end{bmatrix}=\boldsymbol{Y}+\begin{bmatrix}0\\ 0\\ \vdots\\ \frac{n-1}{n}\varepsilon\\ \vdots\\ \frac{n-1}{n}\varepsilon\end{bmatrix}$$

可得 $\Delta \boldsymbol{Y}=\begin{bmatrix}0\\0\\ \vdots \\ \frac{n-1}{n}\varepsilon \\ \vdots \\ \frac{n-1}{n}\varepsilon\end{bmatrix}$，$\|\Delta \boldsymbol{Y}\|_2=\sqrt{(n-r)\left(\frac{n-1}{n}\varepsilon\right)^2}=\frac{(n-1)\sqrt{n-r}}{n}|\varepsilon|$。由定理 2.1.2 得

$$\begin{aligned}\|\Delta x\| &\leqslant \frac{\kappa_{\dagger}}{\gamma_{\dagger}}\left(\frac{\|\Delta \boldsymbol{B}\|_2}{\|\boldsymbol{B}\|}\|x\|+\frac{\|\Delta \boldsymbol{Y}\|}{\|\boldsymbol{B}\|}+\frac{\kappa_{\dagger}}{\gamma_{\dagger}}\frac{\|\Delta \boldsymbol{B}\|_2}{\|\boldsymbol{B}\|}\frac{\|r_x\|}{\|\boldsymbol{B}\|}\right)\\ &=\frac{(n-1)\sqrt{n-r}}{n}|\varepsilon|\frac{\kappa_{\dagger}}{\gamma_{\dagger}}\left(\frac{\|x\|}{\|\boldsymbol{B}\|}+\frac{1}{\|\boldsymbol{B}\|}+\frac{\kappa_{\dagger}}{\gamma_{\dagger}}\frac{1}{\|\boldsymbol{B}\|}\frac{\|r_x\|}{\|\boldsymbol{B}\|}\right),\end{aligned}$$

即扰动 $\hat{x}^{(0)}(r)=x^{(0)}(r)+\varepsilon$ 时，参数估计值的扰动界记为 $L[x^{(0)}(r)]$，

$$L[x^{(0)}(r)]=\frac{(n-1)\sqrt{n-r}}{n}|\varepsilon|\frac{\kappa_{\dagger}}{\gamma_{\dagger}}\left(\frac{\|x\|}{\|\boldsymbol{B}\|}+\frac{1}{\|\boldsymbol{B}\|}+\frac{\kappa_{\dagger}}{\gamma_{\dagger}}\frac{1}{\|\boldsymbol{B}\|}\frac{\|r_x\|}{\|\boldsymbol{B}\|}\right)$$

（4）当 $r=1,2,\cdots,n-1$ 时，可以看出 $L[x^{(0)}(r)]$ 中的 $\sqrt{n-r}$ 是 r 的减函数，$L[x^{(0)}(r)]$ 中的 $|\varepsilon|\frac{\kappa_{\dagger}}{\gamma_{\dagger}}\left(\frac{\|x\|}{\|\boldsymbol{B}\|}+\frac{1}{\|\boldsymbol{B}\|}+\frac{\kappa_{\dagger}}{\gamma_{\dagger}}\frac{1}{\|\boldsymbol{B}\|}\frac{\|r_x\|}{\|\boldsymbol{B}\|}\right)$ 保持不变，即在扰动都是 ε 的情况下，越新的数据（不包括最新的数据）发生扰动，参数估计值的扰动界越小，证毕。

6.3　普通强化缓冲算子的新信息优先性

定理 6.3.1[6]　设 $X=\left(x(1),x(2),\cdots,x(n)\right)$，令 $XD_3=\left(x(1)d_3,x(2)d_3,\cdots,x(n)d_3\right)$，其中

$$x(k)d_3=\frac{x(1)+x(2)+\cdots+kx(k)}{2k-1},k=1,2,\cdots,n-1.\ x(n)d_3=x(n),$$

则当 X 为单调增长序列或单调衰减序列时，D_3 皆为普通强化缓冲算子。

定理 6.3.2　利用普通强化缓冲算子作用后的序列建立灰色离散模型

$$x^{(1)}(k+1)d_3=\beta_1 x^{(1)}(k)d_3+\beta_2$$

其参数估计值

$$\begin{pmatrix}\beta_2\\ \beta_1\end{pmatrix}=(\boldsymbol{B}^{\mathrm{T}}\boldsymbol{B})^{-1}\boldsymbol{B}^{\mathrm{T}}\boldsymbol{Y}$$

其中

$$\boldsymbol{B}=\begin{bmatrix}1 & x^{(1)}(1)d_3\\ 1 & x^{(1)}(2)d_3\\ \vdots & \vdots\\ 1 & x^{(1)}(n-2)d_3\\ 1 & x^{(1)}(n-1)d_3\end{bmatrix},\quad \boldsymbol{Y}=\begin{bmatrix}x^{(1)}(2)d_3\\ x^{(1)}(3)d_3\\ \vdots\\ x^{(1)}(n-1)d_3\\ x^{(1)}(n)d_3\end{bmatrix},\quad x^{(1)}(k)d_3=\sum_{k=1}^{n}x^{(0)}(k)d_3,\ k=1,2,\cdots,n$$

如果序列 $X^{(0)}=\left(x^{(0)}(1),x^{(0)}(2),\cdots,x^{(0)}(n)\right)$ 中只有一个数据 $x^{(0)}(r)$ 发生扰动

$$\hat{x}^{(0)}(r)=x^{(0)}(r)+\varepsilon,\ r=1,2,\cdots,n-1$$

则越新的数据发生扰动，参数估计值的扰动界越小。

证明：（1）已知

$$\boldsymbol{B}=\begin{bmatrix}1 & x^{(1)}(1)d_3\\ 1 & x^{(1)}(2)d_3\\ \vdots & \vdots\\ 1 & x^{(1)}(n-2)d_3\\ 1 & x^{(1)}(n-1)d_3\end{bmatrix}=\begin{bmatrix}1&0&0&0&\cdots&0\\1&1&0&0&\cdots&0\\ \vdots&\vdots&\vdots&\vdots&&\vdots\\1&1&1&1&\cdots&0\\1&1&1&1&\cdots&1\end{bmatrix}\begin{bmatrix}1 & x^{(0)}(1)d_3\\ 0 & x^{(0)}(2)d_3\\ \vdots & \vdots\\ 0 & x^{(0)}(n-2)d_3\\ 0 & x^{(0)}(n-1)d_3\end{bmatrix}$$

$$=\begin{bmatrix}1&0&0&0&\cdots&0\\1&1&0&0&\cdots&0\\ \vdots&\vdots&\vdots&\vdots&&\vdots\\1&1&1&1&\cdots&0\\1&1&1&1&\cdots&1\end{bmatrix}\begin{bmatrix}1&0&\cdots&0&0\\ \frac{1}{3}&\frac{2}{3}&\cdots&0&0\\ \vdots&\vdots&&\vdots&\vdots\\ \frac{1}{2(n-1)-1}&\frac{1}{2(n-1)-1}&\cdots&\frac{n-1}{2(n-1)-1}&0\\ 0&0&\cdots&0&1\end{bmatrix}\begin{bmatrix}1&x^{(0)}(1)\\0&x^{(0)}(2)\\ \vdots&\vdots\\0&x^{(0)}(n-1)\\0&x^{(0)}(n)\end{bmatrix}$$

$$-\begin{bmatrix}1&0&0&0&\cdots&0\\1&1&0&0&\cdots&0\\ \vdots&\vdots&\vdots&\vdots&&\vdots\\1&1&1&1&\cdots&0\\1&1&1&1&\cdots&1\end{bmatrix}\begin{bmatrix}0&0\\ \frac{1}{3}&0\\ \vdots&\vdots\\ \frac{1}{2(n-1)-1}&0\\ 0&0\end{bmatrix}$$

$$
=\begin{bmatrix}
1 & 0 & \cdots & 0 & 0 \\
\frac{4}{3} & \frac{2}{3} & \cdots & 0 & 0 \\
\vdots & \vdots & & \vdots & \vdots \\
\sum_{i=1}^{n-1}\frac{1}{2i-1} & \sum_{i=3}^{n-1}\frac{1}{2i-1}+\frac{2}{3} & \cdots & \frac{n-1}{2(n-1)-1} & 0 \\
\sum_{i=1}^{n-1}\frac{1}{2i-1} & \sum_{i=3}^{n-1}\frac{1}{2i-1}+\frac{2}{3} & \cdots & \frac{n-1}{2(n-1)-1} & 1
\end{bmatrix}
\begin{bmatrix}
1 & x^{(0)}(1) \\
0 & x^{(0)}(2) \\
\vdots & \vdots \\
0 & x^{(0)}(n-1) \\
0 & x^{(0)}(n)
\end{bmatrix}
-\begin{bmatrix}
0 & 0 \\
\frac{1}{3} & 0 \\
\vdots & \vdots \\
\sum_{i=3}^{n-1}\frac{1}{2i-1} & 0 \\
\sum_{i=3}^{n-1}\frac{1}{2i-1} & 0
\end{bmatrix}
$$

$$
\boldsymbol{Y}=\begin{bmatrix}
x^{(1)}(2)d_3 \\
x^{(1)}(3)d_3 \\
\vdots \\
x^{(1)}(n-1)d_3 \\
x^{(1)}(n)d_3
\end{bmatrix}
=\begin{bmatrix}
1 & 1 & 0 & 0 & \cdots & 0 \\
1 & 1 & 1 & 0 & \cdots & 0 \\
\vdots & \vdots & \vdots & \vdots & & \vdots \\
1 & 1 & 1 & 1 & \cdots & 0 \\
1 & 1 & 1 & 1 & \cdots & 1
\end{bmatrix}_{(n-1)\times n}
\begin{bmatrix}
x^{(0)}(1)d_3 \\
x^{(0)}(2)d_3 \\
\vdots \\
x^{(0)}(n-1)d_3 \\
x^{(0)}(n)d_3
\end{bmatrix}
$$

$$
=\begin{bmatrix}
1 & 1 & 0 & 0 & \cdots & 0 \\
1 & 1 & 1 & 0 & \cdots & 0 \\
\vdots & \vdots & \vdots & \vdots & & \vdots \\
1 & 1 & 1 & 1 & \cdots & 0 \\
1 & 1 & 1 & 1 & \cdots & 1
\end{bmatrix}_{(n-1)\times n}
\begin{bmatrix}
1 & 0 & \cdots & 0 & 0 \\
\frac{1}{3} & \frac{2}{3} & \cdots & 0 & 0 \\
\vdots & \vdots & & \vdots & \vdots \\
\frac{1}{2(n-1)-1} & \frac{1}{2(n-1)-1} & \cdots & \frac{n-1}{2(n-1)-1} & 0 \\
0 & 0 & \cdots & 0 & 1
\end{bmatrix}_{n\times n}
\begin{bmatrix}
x^{(0)}(1) \\
x^{(0)}(2) \\
\vdots \\
x^{(0)}(n-1) \\
x^{(0)}(n)
\end{bmatrix}
$$

$$=\begin{bmatrix}\frac{4}{3} & \frac{2}{3} & \cdots & 0 & 0\\ \sum_{i=1}^{3}\frac{1}{2i-1} & \frac{2}{3}+\frac{1}{5} & \cdots & 0 & 0\\ \vdots & \vdots & & \vdots & \vdots\\ \sum_{i=1}^{n-1}\frac{1}{2i-1} & \sum_{i=3}^{n-1}\frac{1}{2i-1}+\frac{2}{3} & \cdots & \frac{n-1}{2(n-1)-1} & 0\\ \sum_{i=1}^{n-1}\frac{1}{2i-1} & \sum_{i=3}^{n-1}\frac{1}{2i-1}+\frac{2}{3} & \cdots & \frac{n-1}{2(n-1)-1} & 1\end{bmatrix}_{(n-1)\times n}\begin{bmatrix}x^{(0)}(1)\\ x^{(0)}(2)\\ \vdots\\ x^{(0)}(n-1)\\ x^{(0)}(n)\end{bmatrix}$$

（2）显然 $\boldsymbol{B}$ 的列向量线性无关，如果 $\boldsymbol{B}$ 的列向量线性相关，研究这样的序列无意义，由定理 2.1.1 得唯一解 $x=\boldsymbol{A}^{\dagger}b$ 。如果只发生扰动 $\hat{x}^{(0)}(1)=x^{(0)}(1)+\varepsilon$，$\boldsymbol{B}$ 变为

$$\hat{\boldsymbol{B}}=\begin{bmatrix}1 & 0 & \cdots & 0 & 0\\ \frac{4}{3} & \frac{2}{3} & \cdots & 0 & 0\\ \vdots & \vdots & & \vdots & \vdots\\ \sum_{i=1}^{n-1}\frac{1}{2i-1} & \sum_{i=3}^{n-1}\frac{1}{2i-1}+\frac{2}{3} & \cdots & \frac{n-1}{2(n-1)-1} & 0\\ \sum_{i=1}^{n-1}\frac{1}{2i-1} & \sum_{i=3}^{n-1}\frac{1}{2i-1}+\frac{2}{3} & \cdots & \frac{n-1}{2(n-1)-1} & 1\end{bmatrix}\begin{bmatrix}1 & x^{(0)}(1)+\varepsilon\\ 0 & x^{(0)}(2)\\ \vdots & \vdots\\ 0 & x^{(0)}(n-1)\\ 0 & x^{(0)}(n)\end{bmatrix}-\begin{bmatrix}0 & 0\\ \frac{1}{3} & 0\\ \vdots & \vdots\\ \sum_{i=3}^{n-1}\frac{1}{2i-1} & 0\\ \sum_{i=3}^{n-1}\frac{1}{2i-1} & 0\end{bmatrix}$$

$$=\boldsymbol{B}+\begin{bmatrix}1 & 0 & \cdots & 0 & 0\\ \frac{4}{3} & \frac{2}{3} & \cdots & 0 & 0\\ \vdots & \vdots & & \vdots & \vdots\\ \sum_{i=1}^{n-1}\frac{1}{2i-1} & \sum_{i=3}^{n-1}\frac{1}{2i-1}+\frac{2}{3} & \cdots & \frac{n-1}{2(n-1)-1} & 0\\ \sum_{i=1}^{n-1}\frac{1}{2i-1} & \sum_{i=3}^{n-1}\frac{1}{2i-1}+\frac{2}{3} & \cdots & \frac{n-1}{2(n-1)-1} & 1\end{bmatrix}\begin{bmatrix}0 & \varepsilon\\ 0 & 0\\ \vdots & \vdots\\ 0 & 0\end{bmatrix}$$

$$=\boldsymbol{B}+\begin{bmatrix}0 & \varepsilon \\ 0 & \dfrac{4\varepsilon}{3} \\ \vdots & \vdots \\ 0 & \sum\limits_{i=1}^{n-1}\dfrac{\varepsilon}{2i-1} \\ 0 & \sum\limits_{i=1}^{n-1}\dfrac{\varepsilon}{2i-1}\end{bmatrix}$$

可得 $\Delta\boldsymbol{B}=\begin{bmatrix}0 & \varepsilon \\ 0 & \dfrac{4\varepsilon}{3} \\ \vdots & \vdots \\ 0 & \sum\limits_{i=1}^{n-1}\dfrac{\varepsilon}{2i-1} \\ 0 & \sum\limits_{i=1}^{n-1}\dfrac{\varepsilon}{2i-1}\end{bmatrix}_{(n-1)\times 2}$，$\Delta\boldsymbol{B}^{\mathrm{T}}\Delta\boldsymbol{B}=\begin{bmatrix}0 & 0 \\ 0 & \left[2(\sum\limits_{i=1}^{n-1}\dfrac{1}{2i-1})^2+\sum\limits_{k=2}^{n-2}(\sum\limits_{i=1}^{k}\dfrac{1}{2i-1})^2\right]\varepsilon^2\end{bmatrix}$，

$\Delta\boldsymbol{B}^{\mathrm{T}}\Delta\boldsymbol{B}$ 的最大特征根为 $\left[2(\sum\limits_{i=1}^{n-1}\dfrac{1}{2i-1})^2+\sum\limits_{k=2}^{n-2}(\sum\limits_{i=1}^{k}\dfrac{1}{2i-1})^2\right]\varepsilon^2$，所以

$\|\Delta\boldsymbol{B}\|_2=\sqrt{\left[2(\sum\limits_{i=1}^{n-1}\dfrac{1}{2i-1})^2+\sum\limits_{k=2}^{n-2}(\sum\limits_{i=1}^{k}\dfrac{1}{2i-1})^2\right]}|\varepsilon|$。$\boldsymbol{Y}$ 变为

$$\hat{\boldsymbol{Y}}=\begin{bmatrix}\dfrac{4}{3} & \dfrac{2}{3} & \cdots & 0 & 0 \\ \sum\limits_{i=1}^{3}\dfrac{1}{2i-1} & \dfrac{2}{3}+\dfrac{1}{5} & \cdots & 0 & 0 \\ \vdots & \vdots & & \vdots & \vdots \\ \sum\limits_{i=1}^{n-1}\dfrac{1}{2i-1} & \sum\limits_{i=3}^{n-1}\dfrac{1}{2i-1}+\dfrac{2}{3} & \cdots & \dfrac{n-1}{2(n-1)-1} & 0 \\ \sum\limits_{i=1}^{n-1}\dfrac{1}{2i-1} & \sum\limits_{i=3}^{n-1}\dfrac{1}{2i-1}+\dfrac{2}{3} & \cdots & \dfrac{n-1}{2(n-1)-1} & 1\end{bmatrix}_{(n-1)\times n}\begin{bmatrix}x^{(0)}(1)+\varepsilon \\ x^{(0)}(2) \\ \vdots \\ x^{(0)}(n-1) \\ x^{(0)}(n)\end{bmatrix}$$

$$
=\hat{\boldsymbol{Y}}+\begin{bmatrix} \frac{4}{3} & \frac{2}{3} & \cdots & 0 & 0 \\ \sum_{i=1}^{3}\frac{1}{2i-1} & \frac{2}{3}+\frac{1}{5} & \cdots & 0 & 0 \\ \vdots & \vdots & & \vdots & \vdots \\ \sum_{i=1}^{n-1}\frac{1}{2i-1} & \sum_{i=3}^{n-1}\frac{1}{2i-1}+\frac{2}{3} & \cdots & \frac{n-1}{2(n-1)-1} & 0 \\ \sum_{i=1}^{n-1}\frac{1}{2i-1} & \sum_{i=3}^{n-1}\frac{1}{2i-1}+\frac{2}{3} & \cdots & \frac{n-1}{2(n-1)-1} & 1 \end{bmatrix}_{(n-1)\times n}\begin{bmatrix} \varepsilon \\ 0 \\ \vdots \\ 0 \\ 0 \end{bmatrix}=\boldsymbol{Y}+\begin{bmatrix} \frac{4\varepsilon}{3} \\ \sum_{i=1}^{3}\frac{\varepsilon}{2i-1} \\ \vdots \\ \sum_{i=1}^{n-1}\frac{\varepsilon}{2i-1} \\ \sum_{i=1}^{n-1}\frac{\varepsilon}{2i-1} \end{bmatrix}
$$

可得 $\Delta\boldsymbol{Y}=\begin{bmatrix} \frac{4\varepsilon}{3} \\ \sum_{i=1}^{3}\frac{\varepsilon}{2i-1} \\ \vdots \\ \sum_{i=1}^{n-1}\frac{\varepsilon}{2i-1} \\ \sum_{i=1}^{n-1}\frac{\varepsilon}{2i-1} \end{bmatrix}$，

$$
\|\Delta\boldsymbol{Y}\|_2=\sqrt{\left[2\left(\sum_{i=1}^{n-1}\frac{1}{2i-1}\right)^2+\sum_{k=2}^{n-2}\left(\sum_{i=2}^{k}\frac{1}{2i-1}\right)^2\right]\varepsilon^2}=\sqrt{\left[2\left(\sum_{i=1}^{n-1}\frac{1}{2i-1}\right)^2+\sum_{k=2}^{n-2}\left(\sum_{i=2}^{k}\frac{1}{2i-1}\right)^2\right]}|\varepsilon| 。
$$

由定理 2.1.2 得

$$
\begin{aligned}
\|\Delta x\| &\leqslant \frac{\kappa_\dagger}{\gamma_\dagger}\left(\frac{\|\Delta\boldsymbol{B}\|_2}{\|\boldsymbol{B}\|}\|x\|+\frac{\|\Delta\boldsymbol{Y}\|}{\|\boldsymbol{B}\|}+\frac{\kappa_\dagger}{\gamma_\dagger}\frac{\|\Delta\boldsymbol{B}\|_2}{\|\boldsymbol{B}\|}\frac{\|r_x\|}{\|\boldsymbol{B}\|}\right) \\
&=|\varepsilon|\frac{\kappa_\dagger}{\gamma_\dagger}\left(\sqrt{\left[2\left(\sum_{i=1}^{n-1}\frac{1}{2i-1}\right)^2+\sum_{k=2}^{n-2}\left(\sum_{i=1}^{k}\frac{1}{2i-1}\right)^2\right]}\frac{\|x\|}{\|\boldsymbol{B}\|}\right. \\
&\quad\left.+\frac{\sqrt{\left[2\left(\sum_{i=1}^{n-1}\frac{1}{2i-1}\right)^2+\sum_{k=2}^{n-2}\left(\sum_{i=2}^{k}\frac{1}{2i-1}\right)^2\right]}}{\|\boldsymbol{B}\|}+\frac{\kappa_\dagger}{\gamma_\dagger}\frac{\sqrt{\left[2\left(\sum_{i=1}^{n-1}\frac{1}{2i-1}\right)^2+\sum_{k=2}^{n-2}\left(\sum_{i=1}^{k}\frac{1}{2i-1}\right)^2\right]}}{\|\boldsymbol{B}\|}\frac{\|r_x\|}{\|\boldsymbol{B}\|}\right)
\end{aligned}
$$

即扰动 $\hat{x}^{(0)}(1)=x^{(0)}(1)+\varepsilon$，解的扰动界记为

$$
L\left[x^{(0)}(1)\right]=|\varepsilon|\frac{\kappa_\dagger}{\gamma_\dagger}\left(\sqrt{\left[2\left(\sum_{i=1}^{n-1}\frac{1}{2i-1}\right)^2+\sum_{k=2}^{n-2}\left(\sum_{i=1}^{k}\frac{1}{2i-1}\right)^2\right]}\frac{\|x\|}{\|\boldsymbol{B}\|}\right.
$$

$$+\frac{\sqrt{\left[2(\sum_{i=1}^{n-1}\frac{1}{2i-1})^2+\sum_{k=2}^{n-2}(\sum_{i=2}^{k}\frac{1}{2i-1})^2\right]}}{\|\boldsymbol{B}\|}+\frac{\kappa_{\dagger}}{\gamma_{\dagger}}\frac{\sqrt{\left[2(\sum_{i=1}^{n-1}\frac{1}{2i-1})^2+\sum_{k=2}^{n-2}(\sum_{i=1}^{k}\frac{1}{2i-1})^2\right]}}{\|\boldsymbol{B}\|}\frac{\|r_x\|}{\|\boldsymbol{B}\|}\Bigg)$$

（3）同理可求得，如果只有一个序列发生扰动 $\hat{x}^{(0)}(r)=x^{(0)}(r)+\varepsilon,r=2,3,\cdots,n-1$，相应的扰动界为 $L\left[x^{(0)}(r)\right]$，可以看出 $L\left[x^{(0)}(r)\right]$ 的大小与矩阵

$$\begin{bmatrix} 1 & 0 & \cdots & 0 & 0 \\ \frac{4}{3} & \frac{2}{3} & \cdots & 0 & 0 \\ \vdots & \vdots & & \vdots & \vdots \\ \sum_{i=1}^{n-1}\frac{1}{2i-1} & \sum_{i=3}^{n-1}\frac{1}{2i-1}+\frac{2}{3} & \cdots & \frac{n-1}{2(n-1)-1} & 0 \\ \sum_{i=1}^{n-1}\frac{1}{2i-1} & \sum_{i=3}^{n-1}\frac{1}{2i-1}+\frac{2}{3} & \cdots & \frac{n-1}{2(n-1)-1} & 1 \end{bmatrix}$$

的第 r 列元素的平方和有关，与矩阵

$$\begin{bmatrix} \frac{4}{3} & \frac{2}{3} & \cdots & 0 & 0 \\ \sum_{i=1}^{3}\frac{1}{2i-1} & \frac{2}{3}+\frac{1}{5} & \cdots & 0 & 0 \\ \vdots & \vdots & & \vdots & \vdots \\ \sum_{i=1}^{n-1}\frac{1}{2i-1} & \sum_{i=3}^{n-1}\frac{1}{2i-1}+\frac{2}{3} & \cdots & \frac{n-1}{2(n-1)-1} & 0 \\ \sum_{i=1}^{n-1}\frac{1}{2i-1} & \sum_{i=3}^{n-1}\frac{1}{2i-1}+\frac{2}{3} & \cdots & \frac{n-1}{2(n-1)-1} & 1 \end{bmatrix}$$

的第 r 列元素的平方和也有关系。这两个矩阵的元素都为正数，当 $r=1,2,\cdots,n-1$ 时，两个矩阵第 r 列元素的平方和都为 r 的减函数，所以可以看出 $L[x^{(0)}(r)]$ 是 r 的减函数，即在扰动都是 ε 的情况下，越新的数据发生扰动，参数估计值的扰动界越小。

如果只发生扰动 $\hat{x}^{(0)}(n)=x^{(0)}(n)+\varepsilon$，$\boldsymbol{B}$ 变为

$$\hat{\boldsymbol{B}}=\begin{bmatrix}1 & 0 & \cdots & 0 & 0\\ \dfrac{4}{3} & \dfrac{2}{3} & \cdots & 0 & 0\\ \vdots & \vdots & & \vdots & \vdots\\ \sum_{i=1}^{n-1}\dfrac{1}{2i-1} & \sum_{i=3}^{n-1}\dfrac{1}{2i-1}+\dfrac{2}{3} & \cdots & \dfrac{n-1}{2(n-1)-1} & 0\\ \sum_{i=1}^{n-1}\dfrac{1}{2i-1} & \sum_{i=3}^{n-1}\dfrac{1}{2i-1}+\dfrac{2}{3} & \cdots & \dfrac{n-1}{2(n-1)-1} & 1\end{bmatrix}\begin{bmatrix}1 & x^{(0)}(1)\\ 0 & x^{(0)}(2)\\ \vdots & \vdots\\ 0 & x^{(0)}(n-1)\\ 0 & x^{(0)}(n)+\varepsilon\end{bmatrix}-\begin{bmatrix}0 & 0\\ \dfrac{1}{3} & 0\\ \vdots & \vdots\\ \sum_{i=3}^{n-1}\dfrac{1}{2i-1} & 0\\ \sum_{i=3}^{n-1}\dfrac{1}{2i-1} & 0\end{bmatrix}$$

$$=\boldsymbol{B}+\begin{bmatrix}1 & 0 & \cdots & 0 & 0\\ \dfrac{4}{3} & \dfrac{2}{3} & \cdots & 0 & 0\\ \vdots & \vdots & & \vdots & \vdots\\ \sum_{i=1}^{n-1}\dfrac{1}{2i-1} & \sum_{i=3}^{n-1}\dfrac{1}{2i-1}+\dfrac{2}{3} & \cdots & \dfrac{n-1}{2(n-1)-1} & 0\\ \sum_{i=1}^{n-1}\dfrac{1}{2i-1} & \sum_{i=3}^{n-1}\dfrac{1}{2i-1}+\dfrac{2}{3} & \cdots & \dfrac{n-1}{2(n-1)-1} & 1\end{bmatrix}\begin{bmatrix}0 & 0\\ 0 & 0\\ \vdots & \vdots\\ 0 & \varepsilon\end{bmatrix}$$

$$=\boldsymbol{B}+\begin{bmatrix}0 & 0\\ 0 & 0\\ \vdots & \vdots\\ 0 & 0\\ 0 & \varepsilon\end{bmatrix}$$

可得 $\Delta\boldsymbol{B}=\begin{bmatrix}0 & 0\\ 0 & 0\\ \vdots & \vdots\\ 0 & 0\\ 0 & \varepsilon\end{bmatrix}_{(n-1)\times 2}$ ，$\Delta\boldsymbol{B}^{\mathrm{T}}\Delta\boldsymbol{B}=\begin{bmatrix}0 & 0\\ 0 & \varepsilon^2\end{bmatrix}$，$\Delta\boldsymbol{B}^{\mathrm{T}}\Delta\boldsymbol{B}$ 的最大特征根为 ε^2，所以 $\|\Delta\boldsymbol{B}\|_2=|\varepsilon|$。$\boldsymbol{Y}$ 变为

$$\hat{\boldsymbol{Y}}=\begin{bmatrix}\frac{4}{3} & \frac{2}{3} & \cdots & 0 & 0\\ \sum_{i=1}^{3}\frac{1}{2i-1} & \frac{2}{3}+\frac{1}{5} & \cdots & 0 & 0\\ \vdots & \vdots & & \vdots & \vdots\\ \sum_{i=1}^{n-1}\frac{1}{2i-1} & \sum_{i=3}^{n-1}\frac{1}{2i-1}+\frac{2}{3} & \cdots & \frac{n-1}{2(n-1)-1} & 0\\ \sum_{i=1}^{n-1}\frac{1}{2i-1} & \sum_{i=3}^{n-1}\frac{1}{2i-1}+\frac{2}{3} & \cdots & \frac{n-1}{2(n-1)-1} & 1\end{bmatrix}_{(n-1)\times n}\begin{bmatrix}x^{(0)}(1)\\ x^{(0)}(2)\\ \vdots\\ x^{(0)}(n-1)\\ x^{(0)}(n)+\varepsilon\end{bmatrix}$$

$$=\boldsymbol{Y}+\begin{bmatrix}\frac{4}{3} & \frac{2}{3} & \cdots & 0 & 0\\ \sum_{i=1}^{3}\frac{1}{2i-1} & \frac{2}{3}+\frac{1}{5} & \cdots & 0 & 0\\ \vdots & \vdots & & \vdots & \vdots\\ \sum_{i=1}^{n-1}\frac{1}{2i-1} & \sum_{i=3}^{n-1}\frac{1}{2i-1}+\frac{2}{3} & \cdots & \frac{n-1}{2(n-1)-1} & 0\\ \sum_{i=1}^{n-1}\frac{1}{2i-1} & \sum_{i=3}^{n-1}\frac{1}{2i-1}+\frac{2}{3} & \cdots & \frac{n-1}{2(n-1)-1} & 1\end{bmatrix}_{(n-1)\times n}\begin{bmatrix}0\\ 0\\ \vdots\\ 0\\ \varepsilon\end{bmatrix}=\boldsymbol{Y}+\begin{bmatrix}0\\ 0\\ \vdots\\ 0\\ \varepsilon\end{bmatrix}$$

可得 $\Delta\boldsymbol{Y}=\begin{bmatrix}0\\ 0\\ \vdots\\ 0\\ \varepsilon\end{bmatrix}$，$\|\Delta\boldsymbol{Y}\|_2=|\varepsilon|$。

由定理 2.1.2 得

$$\|\Delta x\|\leqslant\frac{\kappa_{\dagger}}{\gamma_{\dagger}}\left(\frac{\|\Delta\boldsymbol{B}\|_2}{\|\boldsymbol{B}\|}\|x\|+\frac{\|\Delta\boldsymbol{Y}\|}{\|\boldsymbol{B}\|}+\frac{\kappa_{\dagger}}{\gamma_{\dagger}}\frac{\|\Delta\boldsymbol{B}\|_2}{\|\boldsymbol{B}\|}\frac{\|r_x\|}{\|\boldsymbol{B}\|}\right)=|\varepsilon|\frac{\kappa_{\dagger}}{\gamma_{\dagger}}\left(\frac{\|x\|}{\|\boldsymbol{B}\|}+\frac{1}{\|\boldsymbol{B}\|}+\frac{\kappa_{\dagger}}{\gamma_{\dagger}}\frac{1}{\|\boldsymbol{B}\|}\frac{\|r_x\|}{\|\boldsymbol{B}\|}\right)$$

即扰动 $\hat{x}^{(0)}(n)=x^{(0)}(n)+\varepsilon$，解的扰动界记为

$$L\left[x^{(0)}(n)\right]=|\varepsilon|\frac{\kappa_{\dagger}}{\gamma_{\dagger}}\left(\frac{\|x\|}{\|\boldsymbol{B}\|}+\frac{1}{\|\boldsymbol{B}\|}+\frac{\kappa_{\dagger}}{\gamma_{\dagger}}\frac{1}{\|\boldsymbol{B}\|}\frac{\|r_x\|}{\|\boldsymbol{B}\|}\right)$$

$L\left[x^{(0)}(n)\right]>L\left[x^{(0)}(n-1)\right]$，但是 $L\left[x^{(0)}(1)\right]>L\left[x^{(0)}(2)\right]>L\left[x^{(0)}(n)\right]$，说明信息质量最高的 $x^{(0)}(n)$ 未能发挥其作用，证毕。

在扰动相等的情况下，越新的数据（除最新的数据以外）发生扰动，参数估计值的扰动界越小；越老的数据发生扰动，参数估计值的扰动界越大。虽然参数估计值的扰动界大并不意味扰动一定大（扰动不会超过扰动界），但是新数据产

生的扰动界较小，说明新数据对参数估计值的影响较小，可以理解为新数据的权重较小。所以从扰动界大小的角度看，普通强化缓冲算子作用后 GM（1，1）模型未能赋予新信息较大权重，反而赋予老信息较大权重。

推论 6.3.1　如果 D 为普通强化缓冲算子，$X^{(0)}D^r$ 为原始序列的 r 阶强化缓冲算子，r 越大，那么当 $r=1,2,\cdots,n-1$ 时，减函数 $L[x^{(0)}(r)]$ 的递减速度越快，越不满足新信息原理，老数据的作用越大。

6.4　分数阶弱化缓冲算子的构造

经典弱化缓冲算子充分考虑每个数据的优先性，而变权弱化缓冲算子只考虑最新一个数据的优先性，所以从综合利用原有数据信息的角度考虑，经典弱化缓冲算子是一种不错的缓冲算子。

同定理 6.1.2，可证经典弱化缓冲算子的阶数越高，越能体现新信息的作用，提高预测质量，但是经典弱化缓冲算子不能实现缓冲作用强度的微调，本章提出分数阶弱化缓冲算子。

一阶弱化缓冲算子的矩阵形式为

$$\boldsymbol{X}^{(0)}\boldsymbol{D}=\begin{bmatrix}\frac{1}{n} & \frac{1}{n} & \cdots & \frac{1}{n}\\ 0 & \frac{1}{n-1} & \cdots & \frac{1}{n-1}\\ \vdots & \vdots & & \vdots\\ 0 & 0 & \cdots & 1\end{bmatrix}\begin{bmatrix}x^{(0)}(1)\\ x^{(0)}(2)\\ \vdots\\ x^{(0)}(n)\end{bmatrix}=\boldsymbol{A}\left(\boldsymbol{X}^{(0)}\right)^{\mathrm{T}} \tag{6.1}$$

二阶弱化缓冲算子的矩阵形式为 $\boldsymbol{X}^{(0)}\boldsymbol{D}^2=\boldsymbol{A}^2\left(\boldsymbol{X}^{(0)}\right)^{\mathrm{T}}$，则 $\frac{q}{p}\left(\frac{q}{p}>0\right)$ 阶弱化缓冲算子的矩阵形式为 $\boldsymbol{X}^{(0)}\boldsymbol{D}^{\frac{q}{p}}=\boldsymbol{A}^{\frac{q}{p}}\left(\boldsymbol{X}^{(0)}\right)^{\mathrm{T}}$。从定理 6.3.2 的证明过程看出，$\frac{q}{p}$ 越大，$\frac{q}{p}$ 阶弱化缓冲算子的作用强度越大，越能体现新信息的作用。

以下定理说明：当 $\frac{q}{p}<0$，式（6.1）变为强化缓冲算子。

定理 6.4.1 当$\frac{q}{p}<0$时，$\boldsymbol{X}^{(0)}\boldsymbol{D}^{\frac{q}{p}}=\begin{bmatrix}\frac{1}{n} & \frac{1}{n} & \cdots & \frac{1}{n}\\ 0 & \frac{1}{n-1} & \cdots & \frac{1}{n-1}\\ \vdots & \vdots & & \vdots\\ 0 & 0 & \cdots & 1\end{bmatrix}^{\frac{q}{p}}\begin{bmatrix}x^{(0)}(1)\\ x^{(0)}(2)\\ \vdots\\ x^{(0)}(n)\end{bmatrix}=\boldsymbol{A}^{\frac{q}{p}}\left(\boldsymbol{X}^{(0)}\right)^{\mathrm{T}}$为强化缓冲算子。

证明： 当$\frac{q}{p}=-1$时，

$$\boldsymbol{X}^{(0)}\boldsymbol{D}^{-1}=\begin{bmatrix}\frac{1}{n} & \frac{1}{n} & \cdots & \frac{1}{n}\\ 0 & \frac{1}{n-1} & \cdots & \frac{1}{n-1}\\ \vdots & \vdots & & \vdots\\ 0 & 0 & \cdots & 1\end{bmatrix}^{-1}\begin{bmatrix}x^{(0)}(1)\\ x^{(0)}(2)\\ \vdots\\ x^{(0)}(n)\end{bmatrix}=\boldsymbol{A}^{-1}\left(\boldsymbol{X}^{(0)}\right)^{\mathrm{T}}$$

$$=\begin{bmatrix}n & -(n-1) & 0 & \cdots & 0\\ 0 & n-1 & -(n-2) & \cdots & 0\\ \vdots & \vdots & \vdots & & \vdots\\ 0 & 0 & 0 & \cdots & 1\end{bmatrix}\begin{bmatrix}x^{(0)}(1)\\ x^{(0)}(2)\\ \vdots\\ x^{(0)}(n)\end{bmatrix}$$

若$\boldsymbol{X}^{(0)}$为单调衰减序列，因为$\boldsymbol{A}\left(\boldsymbol{X}^{(0)}\right)^{\mathrm{T}}\leqslant\left(\boldsymbol{X}^{(0)}\right)^{\mathrm{T}}$，$\boldsymbol{A}$为可逆矩阵，可得$\boldsymbol{A}^{-1}\boldsymbol{A}\left(\boldsymbol{X}^{(0)}\right)^{\mathrm{T}}\leqslant\boldsymbol{A}^{-1}\left(\boldsymbol{X}^{(0)}\right)^{\mathrm{T}}$，即$\left(\boldsymbol{X}^{(0)}\right)^{\mathrm{T}}\leqslant\boldsymbol{A}^{-1}\left(\boldsymbol{X}^{(0)}\right)^{\mathrm{T}}$，所以$\boldsymbol{D}^{-1}$为单调衰减序列的强化缓冲算子；同理$\boldsymbol{D}^{-1}$为单调增长序列的强化缓冲算子。

若$\boldsymbol{X}^{(0)}$为震荡序列，$x^{(0)}(l)=\max\left\{x^{(0)}(k),k=1,2,\cdots,n\right\}$，$x^{(0)}(h)=\min\left\{x^{(0)}(k),k=1,2,\cdots,n\right\}$，因为$\boldsymbol{A}\begin{bmatrix}x^{(0)}(l)\\ x^{(0)}(l)\\ \vdots\\ x^{(0)}(l)\end{bmatrix}\leqslant\begin{bmatrix}x^{(0)}(l)\\ x^{(0)}(l)\\ \vdots\\ x^{(0)}(l)\end{bmatrix}$，$\boldsymbol{A}$为可逆矩阵，可得$\boldsymbol{A}^{-1}\boldsymbol{A}\begin{bmatrix}x^{(0)}(l)\\ x^{(0)}(l)\\ \vdots\\ x^{(0)}(l)\end{bmatrix}\leqslant\boldsymbol{A}^{-1}\begin{bmatrix}x^{(0)}(l)\\ x^{(0)}(l)\\ \vdots\\ x^{(0)}(l)\end{bmatrix}$，即$\begin{bmatrix}x^{(0)}(l)\\ x^{(0)}(l)\\ \vdots\\ x^{(0)}(l)\end{bmatrix}\leqslant\boldsymbol{A}^{-1}\begin{bmatrix}x^{(0)}(l)\\ x^{(0)}(l)\\ \vdots\\ x^{(0)}(l)\end{bmatrix}$；同理可证，$\begin{bmatrix}x^{(0)}(h)\\ x^{(0)}(h)\\ \vdots\\ x^{(0)}(h)\end{bmatrix}\geqslant\boldsymbol{A}^{-1}\begin{bmatrix}x^{(0)}(h)\\ x^{(0)}(h)\\ \vdots\\ x^{(0)}(h)\end{bmatrix}$，所以$\boldsymbol{D}^{-1}$为震荡序列的强化缓冲算子。

同理可证，$\frac{q}{p}<0$ 时，$\boldsymbol{X}^{(0)}\boldsymbol{D}^{\frac{q}{p}}=\begin{bmatrix} \frac{1}{n} & \frac{1}{n} & \cdots & \frac{1}{n} \\ 0 & \frac{1}{n-1} & \cdots & \frac{1}{n-1} \\ \vdots & \vdots & & \vdots \\ 0 & 0 & \cdots & 1 \end{bmatrix}^{\frac{q}{p}} \begin{bmatrix} x^{(0)}(1) \\ x^{(0)}(2) \\ \vdots \\ x^{(0)}(n) \end{bmatrix} = \boldsymbol{A}^{\frac{q}{p}}\left(\boldsymbol{X}^{(0)}\right)^{\mathrm{T}}$ 为强化缓冲算子。证毕。

推论 6.4.1　当 $\frac{q}{p}>0$ 时，如果非负矩阵 $\boldsymbol{A}$ 满足 $\boldsymbol{A}^{-\frac{q}{p}}\left(\boldsymbol{X}^{(0)}\right)^{\mathrm{T}}>0$, $\boldsymbol{X}^{(0)}\boldsymbol{D}^{-\frac{q}{p}}=\boldsymbol{A}^{-\frac{q}{p}}\left(\boldsymbol{X}^{(0)}\right)^{\mathrm{T}}$ 为强（弱）化缓冲算子，那么 $\boldsymbol{X}^{(0)}\boldsymbol{D}^{\frac{q}{p}}=\boldsymbol{A}^{\frac{q}{p}}\left(\boldsymbol{X}^{(0)}\right)^{\mathrm{T}}$ 为弱（强）化缓冲算子。

6.5　多元缓冲算子研究

灰色系统理论主要通过对部分已知信息的生成、开发，提取有价值的信息，实现对系统行为规律的描述、表征。然而，现实系统的数据，因受外界诸多冲击因素的干扰而失真。为了能够准确挖掘事物规律，提出了众多缓冲算子。 但是以往缓冲算子都是对一个变量构造缓冲算子，根据所掌握的文献资料，针对多个变量构造缓冲算子的研究还未出现。对某系统的预测来说，应该考虑其多方面的影响因素。本着提高预测精度的宗旨，本章将构造多元弱化缓冲回归模型。

假定时间 $k(k=1,2,\cdots,n)$ 的被解释变量 $y(k)$ 与多个解释变量 $x_1(k),x_2(k),\cdots,x_m(k)$ 之间具有线性关系，即

$$y(k)=\beta_0+\beta_1x_1(k)+\beta_2x_2(k)+\cdots+\beta_mx_m(k)$$

其参数的最小二乘估计满足

$$\hat{\beta}=(\boldsymbol{X}^{\mathrm{T}}\boldsymbol{X})^{-1}\boldsymbol{X}^{\mathrm{T}}\boldsymbol{Y}$$

其中

$$\boldsymbol{X}=\begin{bmatrix} 1 & x_1(1) & \cdots & x_m(1) \\ 1 & x_1(2) & \cdots & x_m(2) \\ \vdots & \vdots & & \vdots \\ 1 & x_1(n-1) & \cdots & x_m(n-1) \\ 1 & x_1(n) & \cdots & x_m(n) \end{bmatrix},\quad \boldsymbol{Y}=\begin{bmatrix} y(1) \\ y(2) \\ \vdots \\ y(n-1) \\ y(n) \end{bmatrix}。$$

定义 6.5.1　利用经典弱化缓冲算子 d_1 作用后的序列建立多元缓冲回归模型

$$y(k)d_1 = \beta_0 + \beta_1 x_1(k)d_1 + \beta_2 x_2(k)d_1 + \cdots + \beta_m x_m(k)d_1$$

其参数估计值

$$\hat{\boldsymbol{\beta}} = (\boldsymbol{B}^{\mathrm{T}}\boldsymbol{B})^{-1}\boldsymbol{B}^{\mathrm{T}}\boldsymbol{Y}$$

其中

$$\boldsymbol{B} = \begin{bmatrix} 1 & x_1(1)d_1 & \cdots & x_m(1)d_1 \\ 1 & x_1(2)d_1 & \cdots & x_m(2)d_1 \\ \vdots & \vdots & & \vdots \\ 1 & x_1(n-1)d_1 & \cdots & x_m(n-1)d_1 \\ 1 & x_1(n)d_1 & \cdots & x_m(n)d_1 \end{bmatrix}, \quad \boldsymbol{Y} = \begin{bmatrix} y(1)d_1 \\ y(2)d_1 \\ \vdots \\ y(n-1)d_1 \\ y(n)d_1 \end{bmatrix}。$$

利用所求的参数 $\hat{\beta}_0,\hat{\beta}_1,\cdots,\hat{\beta}_m$ 得到模型 $y(k)=\hat{\beta}_0+\hat{\beta}_1x_1(k)+\hat{\beta}_2x_2(k)+\cdots+\hat{\beta}_mx_m(k)$，利用

$$y(k)=\hat{\beta}_0+\hat{\beta}_1x_1(k)+\hat{\beta}_2x_2(k)+\cdots+\hat{\beta}_mx_m(k)$$

可以预测被解释变量 $y(k)$。

定理 6.5.1[186] 设 $\boldsymbol{A}\in C^{n\times n},\delta\boldsymbol{A}\in C^{n\times n},b\in C^n,\delta b\in C^n$，向量范数 $\|\cdot\|$ 与矩阵范数 $\|\cdot\|$ 相容，若对 $C^{n\times n}$ 上的某矩阵范数 $\|\cdot\|$ 有 $\|\boldsymbol{A}^{-1}\|\|\delta\boldsymbol{A}\|<1$，则非齐次线性方程组 $\boldsymbol{A}x=b$ 与 $(\boldsymbol{A}+\delta\boldsymbol{A})(x+\delta x)=b+\delta b$ 的解满足：

$$\frac{\|\delta x\|}{\|x\|}\leqslant\frac{\|\boldsymbol{A}\|\|\boldsymbol{A}^{-1}\|}{1-\|\boldsymbol{A}\|\|\boldsymbol{A}^{-1}\|\frac{\|\delta\boldsymbol{A}\|}{\|\boldsymbol{A}\|}}\left(\frac{\|\delta\boldsymbol{A}\|}{\|\boldsymbol{A}\|}+\frac{\|\delta b\|}{\|b\|}\right)$$

由于所有矩阵范数是等价的，不管采用哪种范数，本质上是一致的，为讨论方便，这里取矩阵的 m_1 范数，与之相容的向量范数为向量 1 范数。

定理 6.5.2 建立多元缓冲回归模型 $y(k)d_1=\beta_0+\beta_1x_1(k)d_1+\beta_2x_2(k)d_1+\cdots+\beta_mx_m(k)d_1$，如果第 r 期序列的数据发生扰动 $\hat{x}_i(r)=x_i(r)+\varepsilon_i(i=1,2,\cdots,m)$，$\hat{y}(r)=y(r)+\varepsilon_0,r=1,2,\cdots,n$。$L_r$ 为扰动 $\hat{x}_i(r)=x_i(r)+\varepsilon_i\ (i=1,2,\cdots,m)$ 产生的 $\|\delta\boldsymbol{B}\|_{m_1}$，$T_r$ 为扰动 $\hat{y}(r)=y(r)+\varepsilon_0$ 产生的 $\|\Delta\boldsymbol{Y}\|_1$，参数估计值的相对扰动界为 $\dfrac{\|\boldsymbol{B}\|\|\boldsymbol{B}^{-1}\|}{1-\|\boldsymbol{B}\|\|\boldsymbol{B}^{-1}\|\frac{\|L_r\|}{\|\boldsymbol{B}\|}}\left(\frac{\|L_r\|}{\|\boldsymbol{B}\|}+\frac{\|T_r\|}{\|\boldsymbol{Y}\|}\right)$，则越新的数据发生扰动，参数估计值的相对扰动界越大。

证明：（1）已知

$$
\boldsymbol{B}=\begin{bmatrix} 1 & x_1(1)d_1 & \cdots & x_m(1)d_1 \\ 1 & x_1(2)d_1 & \cdots & x_m(2)d_1 \\ \vdots & \vdots & & \vdots \\ 1 & x_1(n-1)d_1 & \cdots & x_m(n-1)d_1 \\ 1 & x_1(n)d_1 & \cdots & x_m(n)d_1 \end{bmatrix}
$$

$$
=\begin{bmatrix} \frac{1}{n} & \frac{1}{n} & \cdots & \frac{1}{n} & \frac{1}{n} \\ 0 & \frac{1}{n-1} & \cdots & \frac{1}{n-1} & \frac{1}{n-1} \\ \vdots & \vdots & & \vdots & \vdots \\ 0 & 0 & \cdots & \frac{1}{2} & \frac{1}{2} \\ 0 & 0 & \cdots & 0 & 1 \end{bmatrix}\begin{bmatrix} 1 & x_1(1) & \cdots & x_m(1) \\ 1 & x_1(2) & \cdots & x_m(2) \\ \vdots & \vdots & & \vdots \\ 1 & x_1(n-1) & \cdots & x_m(n-1) \\ 1 & x_1(n) & \cdots & x_m(n) \end{bmatrix},
$$

$$
\boldsymbol{Y}=\begin{bmatrix} y(1)d_1 \\ y(2)d_1 \\ \vdots \\ y(n-1)d_1 \\ y(n)d_1 \end{bmatrix}=\begin{bmatrix} \frac{1}{n} & \frac{1}{n} & \cdots & \frac{1}{n} & \frac{1}{n} \\ 0 & \frac{1}{n-1} & \cdots & \frac{1}{n-1} & \frac{1}{n-1} \\ \vdots & \vdots & & \vdots & \vdots \\ 0 & 0 & \cdots & \frac{1}{2} & \frac{1}{2} \\ 0 & 0 & \cdots & 0 & 1 \end{bmatrix}\begin{bmatrix} y(1) \\ y(2) \\ \vdots \\ y(n-1) \\ y(n) \end{bmatrix}
$$

（2）如果发生扰动 $\hat{x}_i(n)=x_i(n)+\varepsilon_i(i=1,2,\cdots,m)$, $\hat{y}(n)=y(n)+\varepsilon_0$, $\boldsymbol{B}$ 变为

$$
\hat{\boldsymbol{B}}=\begin{bmatrix} \frac{1}{n} & \frac{1}{n} & \cdots & \frac{1}{n} & \frac{1}{n} \\ 0 & \frac{1}{n-1} & \cdots & \frac{1}{n-1} & \frac{1}{n-1} \\ \vdots & \vdots & & \vdots & \vdots \\ 0 & 0 & \cdots & \frac{1}{2} & \frac{1}{2} \\ 0 & 0 & \cdots & 0 & 1 \end{bmatrix}\begin{bmatrix} 1 & x_1(1) & \cdots & x_m(1) \\ 1 & x_1(2) & \cdots & x_m(2) \\ \vdots & \vdots & & \vdots \\ 1 & x_1(n-1) & \cdots & x_m(n-1) \\ 1 & x_1(n)+\varepsilon_1 & \cdots & x_m(n)+\varepsilon_m \end{bmatrix}
$$

$$
= \boldsymbol{B} + \begin{bmatrix} \frac{1}{n} & \frac{1}{n} & \cdots & \frac{1}{n} & \frac{1}{n} \\ 0 & \frac{1}{n-1} & \cdots & \frac{1}{n-1} & \frac{1}{n-1} \\ \vdots & \vdots & & \vdots & \vdots \\ 0 & 0 & \cdots & \frac{1}{2} & \frac{1}{2} \\ 0 & 0 & \cdots & 0 & 1 \end{bmatrix} \begin{bmatrix} 0 & 0 & \cdots & 0 \\ 0 & 0 & \cdots & 0 \\ \vdots & \vdots & & \vdots \\ 0 & 0 & \cdots & 0 \\ 0 & \varepsilon_1 & \cdots & \varepsilon_m \end{bmatrix}
$$

可得

$$
\delta \boldsymbol{B} = \begin{bmatrix} 0 & \frac{\varepsilon_1}{n} & \cdots & \frac{\varepsilon_m}{n} \\ 0 & \frac{\varepsilon_1}{n-1} & \cdots & \frac{\varepsilon_m}{n-1} \\ \vdots & \vdots & & \vdots \\ 0 & 0 & \cdots & \frac{\varepsilon_m}{2} \\ 0 & \varepsilon_1 & \cdots & \varepsilon_m \end{bmatrix}
$$

$$
\|\delta \boldsymbol{B}\|_{m_1} = \left(1 + \frac{1}{n} + \frac{1}{n-1}\right)|\varepsilon_1| + \left(1 + \frac{1}{n} + \frac{1}{n-1} + \frac{1}{n-2}\right)|\varepsilon_2| + \cdots + \sum_{k=1}^{n} \frac{1}{k}|\varepsilon_m|;
$$

$\boldsymbol{Y}$ 变为

$$
\hat{\boldsymbol{Y}} = \begin{bmatrix} \frac{1}{n} & \frac{1}{n} & \cdots & \frac{1}{n} & \frac{1}{n} \\ 0 & \frac{1}{n-1} & \cdots & \frac{1}{n-1} & \frac{1}{n-1} \\ \vdots & \vdots & & \vdots & \vdots \\ 0 & 0 & \cdots & \frac{1}{2} & \frac{1}{2} \\ 0 & 0 & \cdots & 0 & 1 \end{bmatrix} \begin{bmatrix} y(1) \\ y(2) \\ \vdots \\ y(n-1) \\ y(n) + \varepsilon_0 \end{bmatrix}
$$

$$
= \boldsymbol{Y} + \begin{bmatrix} \frac{1}{n} & \frac{1}{n} & \cdots & \frac{1}{n} & \frac{1}{n} \\ 0 & \frac{1}{n-1} & \cdots & \frac{1}{n-1} & \frac{1}{n-1} \\ \vdots & \vdots & & \vdots & \vdots \\ 0 & 0 & \cdots & \frac{1}{2} & \frac{1}{2} \\ 0 & 0 & \cdots & 0 & 1 \end{bmatrix} \begin{bmatrix} 0 \\ 0 \\ \vdots \\ 0 \\ \varepsilon_0 \end{bmatrix} = \boldsymbol{Y} + \begin{bmatrix} \frac{\varepsilon_0}{n} \\ \frac{\varepsilon_0}{n-1} \\ \vdots \\ \frac{\varepsilon_0}{2} \\ \varepsilon_0 \end{bmatrix}
$$

可得 $\delta \boldsymbol{Y}=\begin{bmatrix}\dfrac{\varepsilon_0}{n}\\ \dfrac{\varepsilon_0}{n-1}\\ \vdots \\ \dfrac{\varepsilon_0}{2}\\ \varepsilon_0\end{bmatrix}$，$\|\delta \boldsymbol{Y}\|_1=\sum_{k=1}^{n}\dfrac{|\varepsilon_0|}{k}$；

（3）同理，如果发生扰动 $\hat{x}_i(n-1)=x_i(n-1)+\varepsilon_i(i=1,2,\cdots,m)$，$\hat{y}(n-1)=y(n-1)+\varepsilon_0$，可得 $L_{n-1}=\|\delta \boldsymbol{B}\|_{m_1}=\left(\dfrac{1}{n}+\dfrac{1}{n-1}\right)|\varepsilon_1|+\left(\dfrac{1}{n}+\dfrac{1}{n-1}+\dfrac{1}{n-2}\right)|\varepsilon_2|+\cdots+\sum_{k=2}^{n}\dfrac{1}{k}|\varepsilon_m|$，$T_{n-1}=\|\delta \boldsymbol{Y}\|_1=\sum_{k=2}^{n}\dfrac{|\varepsilon_0|}{k}$

如果发生扰动 $\hat{x}_i(r)=x_i(r)+\varepsilon_i(i=1,2,\cdots,m),\hat{y}(r)=y(r)+\varepsilon_0,r=1,2,\cdots,n$，可得 $L_r=\|\delta \boldsymbol{B}\|_{m_1}=\left(\dfrac{1}{n}+\dfrac{1}{n-1}+\cdots+\dfrac{1}{r}\right)|\varepsilon_1|+\left(\dfrac{1}{n}+\dfrac{1}{n-1}+\cdots+\dfrac{1}{r-1}\right)|\varepsilon_2|+\cdots+\sum_{k=n-r+1}^{n}\dfrac{1}{k}|\varepsilon_m|$，$T_r=\|\delta \boldsymbol{Y}\|_1=\sum_{k=n-r+1}^{n}\dfrac{|\varepsilon_0|}{k}$；

（4）如果发生扰动 $\hat{x}_i(r)=x_i(r)+\varepsilon_i(i=1,2,\cdots,m),\hat{y}(r)=y(r)+\varepsilon_0$，$r=1,2,\cdots,n-1$，可以看出 $\dfrac{\|\boldsymbol{B}\|\|\boldsymbol{B}^{-1}\|}{1-\|\boldsymbol{B}\|\|\boldsymbol{B}^{-1}\|\dfrac{\|L_r\|}{\|\boldsymbol{B}\|}}\left(\dfrac{\|L_r\|}{\|\boldsymbol{B}\|}+\dfrac{\|T_r\|}{\|\boldsymbol{Y}\|}\right)$ 中的 L_r 和 T_r 是关于 r 的增函数，所以参数估计值的相对扰动界 $\dfrac{\|\boldsymbol{B}\|\|\boldsymbol{B}^{-1}\|}{1-\|\boldsymbol{B}\|\|\boldsymbol{B}^{-1}\|\dfrac{\|L_r\|}{\|\boldsymbol{B}\|}}\left(\dfrac{\|L_r\|}{\|\boldsymbol{B}\|}+\dfrac{\|T_r\|}{\|\boldsymbol{Y}\|}\right)$ 是关于 r 的增函数，即各期对应数据在扰动相等的情况下，越新的数据发生扰动，参数估计值的相对扰动界越大，证毕。

在扰动相等的情况下，越新的数据发生扰动，参数估计值的相对扰动界越大。也就是越新的数据对参数估计值影响越大，可以理解为越新的数据在建模中的权重越大。

可以看出 $L_{r+1}-L_r$ 和 $T_{r+1}-T_r$ 的大小表示相对扰动界的变化情况，当 $L_{r+1}-L_r$ 和 $T_{r+1}-T_r$ 较大时，相对扰动界变化较大，第 $r+1$ 期序列的权重与第 r 期序列的权重之差也就较大。而 $L_{r+1}-L_r$ 和 $T_{r+1}-T_r$ 的大小由问题的样本量 n 决定，当 n 较小时，$L_{r+1}-L_r$ 和 $T_{r+1}-T_r$ 较大；当 n 较大时，$L_{r+1}-L_r$ 和 $T_{r+1}-T_r$ 较小。也就是说，

当 n 较小时，新旧数据的权重之差才较为明显，当 n 较大时，新旧数据的权重之差不明显，也就不能突出多元缓冲回归模型的作用。

实际上，多元缓冲回归模型是对被解释变量 $y(k)$ 与多个解释变量 $x_1(k)$, $x_2(k),\cdots, x_m(k)$ 之间的关系进行缓冲，应该对被解释变量和每个解释变量采用相同的缓冲算子。为证明简单，本章取经典弱化缓冲算子进行研究，对于其他类型的弱化缓冲算子，可以得到同样结论。

6.6　实例分析

例 6.6.1　为便于比较，本章采用文献[113]的算例。某市 1997~2004 年工业总产值为原始数据（单位：亿元）$X^{(0)}=(187.85,303.79,394.13,498.27,580.43,640.21,702.34,708.86)$，以 1997~2003 年的数据建立离散 GM（1，1）模型，以 2004 年的数据作为检验数据，预测精度比较见表 6.1。

表 6.1　预测结果比较

弱化缓冲算子	相对预测误差绝对值/%
文献[113]一阶变权弱化缓冲算子	16.02
一阶经典弱化缓冲算子	6.26
文献[113]二阶变权弱化缓冲算子	11.1
二阶经典弱化缓冲算子	1.97

结果对比说明无论一阶、二阶的变权弱化缓冲算子，经典弱化缓冲算子的预测精度都比文献[113]变权弱化缓冲算子的预测精度高。这是由于文献[113]变权弱化缓冲算子只重视 $x^{(0)}$ 的第 n 个数据 $x^{(0)}(n)$，忽视其他新数据，而经典弱化缓冲算子既重视 $x^{(0)}$ 的第 n 个分量的优先性，又考虑第 $n-1$ 个分量的优先性，且第 n 个分量比第 $n-1$ 个分量优先，以此类推，第 2 个分量比第 1 个分量优先。

例 6.6.2　为便于比较，本章采用文献[114]的算例，以 1~6 月的数据建立不同阶数的普通强化缓冲算子，再分别用这些数据建立 GM（1，1）模型，（单位：万元）$X^{(0)}=(60.8,62.6,65.7,70.4,77.4, 86.7,96.8)$，预测 7 月的数据，预测精度比较见表 6.2。

表 6.2　7 月的预测误差比较

月份	实际值	0 阶普通强化缓冲算子	1 阶普通强化缓冲算子	2 阶普通强化缓冲算子	3 阶普通强化缓冲算子
7 月	96.8	92.6	89.9	88.0	86.8
平均相对误差绝对值/%		4.3	7.1	9.1	10.3

由于各月的增长率分别为 2.96%，4.95%，7.12%，9.94%，12.01%，11.65%，原始数据前半部分增速比后半部分增速缓慢，应该充分利用新数据增速快的信息，而普通强化缓冲算子重视老数据，阶数越高越重视老数据，忽视新数据；从而阶数越高，预测精度就越低，这与表 6.2 的预测结果一致。

例 6.6.3　为便于比较，本章采用文献[131]的实例。以 1998~2005 年的数据建立不同阶数的经典弱化缓冲算子，$X^{(0)}=(13.22,13.38,13.86,14.32,15.18,17.50,20.32,22.47,24.63,26.56,29.10,31.00)$，以 2006~2007 年的模拟误差进行检验和最佳阶数的确定，再预测 2008~2009 年的数据，预测精度比较见表 6.3。

表 6.3　2006~2007 年的模拟误差比较

年份	实际值（亿吨标准煤）	0.3 阶经典弱化缓冲算子	0.2 阶经典弱化缓冲算子	0.1 阶经典弱化缓冲算子	文献[131]最佳结果
2006	24.63	23.97	23.97	23.97	23.95
2007	26.56	25.98	25.98	25.98	26.16
平均相对误差绝对值/%		2.43	1.97	1.55	2.12

结果对比说明 0.1 阶经典弱化缓冲算子的模拟精度比文献[131]的精度高。这是由于文献[131]的变权弱化缓冲算子只重视 $x^{(0)}(n)$，忽视其他新数据，而经典弱化缓冲算子既重视原始序列第 n 个分量的优先性，又考虑第 $n-1$ 个分量的优先性，且第 n 个分量比第 $n-1$ 个分量优先，以此类推，第 2 个分量比第 1 个分量优先，因此选用 0.1 阶经典弱化缓冲算子预测 2008~2009 年的数据（表 6.4）。

表 6.4　2008~2009 年的预测结果比较

年份	实际值	0.1 阶经典弱化缓冲算子	文献[131]最佳结果
2008	29.10	28.86	28.59
2009	31.00	31.41	31.23
平均相对误差绝对值/%		0.99	1.26

从表 6.4 的预测结果看，0.1 阶经典弱化缓冲算子能较好地挖掘系统的发展趋势，得到较高的预测精度。

例 6.6.4　数据同文献[187]一样，以 1985~2003 年的数据（表 6.5）建立多元缓冲回归模型，以 2004~2006 年的数据作为检验数据，预测精度比较见表 6.6。

表 6.5　我国能源消耗历年相关数据

年份	GDP/亿元	产业结构/%	能源结构/%	技术进步/单位能耗	城市化/%	全国人口/万人	居民消费水平/元	能源消耗总量/万吨标准煤
1985	9 040.737	0.429	75.8	8.482	23.71	105 851	446	76 682
1986	10 274.38	0.437	75.8	7.869	24.52	107 507	497	80 850
1987	12 050.62	0.436	76.2	7.189	25.32	109 300	565	86 632
1988	15 036.82	0.438	76.2	6.185	25.81	111 026	714	92 997
1989	17 000.92	0.428	76	5.702	26.21	112 704	788	96 934
1990	18 718.32	0.413	76.2	5.273	26.41	114 333	833	98 703
1991	21 826.2	0.418	76.1	4.755	26.94	115 823	932	103 783
1992	26 937.28	0.434	75.7	4.053	27.46	117 171	1 116	109 170
1993	35 260.02	0.466	74.7	3.29	27.99	118 517	1 393	115 993
1994	48 108.46	0.466	75	2.551	28.51	119 850	1 833	122 737
1995	59 810.53	0.472	74.6	2.193	29.04	121 121	2 355	131 176
1996	70 142.49	0.475	74.7	1.981	30.48	122 389	2 789	138 948
1997	78 060.83	0.475	71.7	1.765	31.91	123 626	3 002	137 798
1998	83 024.28	0.462	69.6	1.592	33.35	124 761	3 159	132 214
1999	88 479.15	0.458	69.09	1.513	34.78	125 786	3 346	133 831
2000	98 000.45	0.459	67.75	1.414	36.22	126 743	3 632	138 553
2001	108 068.2	0.452	66.68	1.325	37.66	127 627	3 869	143 199
2002	119 095.7	0.448	66.32	1.275	39.09	128 453	4 106	151 797
2003	135 174	0.46	68.38	1.295	40.53	129 227	4 411	174 990
2004	159 586.7	0.462	67.99	1.273	41.76	129 988	4 925	203 227
2005	184 088.6	0.477	69.1	1.221	42.99	130 756	5 463	224 682
2006	213 131.7	0.487	69.4	1.155	43.9	131 448	6 138	246 270

表 6.6　预测结果比较

年份	实际值/亿吨	GM（1，1）	神经网络[187]	多元缓冲回归
2004	203 227	203 730	197 690	196 671
2005	224 682	213 420	212 530	223 609
2006	246 270	223 560	237 830	251 328
平均相对误差绝对值/%		4.84	3.86	2.09

结果对比说明多元缓冲回归模型的预测精度比其他模型的预测精度高，说明多元缓冲回归模型能够充分利用新信息，揭示小样本多元数据的规律。

本章利用矩阵扰动理论证明了：利用经典弱化缓冲算子作用后的序列建立离

散 GM（1，1）模型，越新的数据发生扰动，参数估计值的扰动界越大。从扰动界变化的情况看，经典弱化缓冲算子既考虑原始序列第 n 个分量的优先性，又考虑第 $n-1$ 个分量的优先性，且第 n 个分量比第 $n-1$ 个分量优先，以此类推，第 2 个分量比第 1 个分量优先。而利用变权弱化缓冲算子作用后的序列建立离散 GM（1，1）模型，越新的数据（不包括最新的数据）发生扰动，参数估计值的扰动界越小。这说明经典弱化缓冲算子充分考虑每个数据的优先性，而变权弱化缓冲算子只考虑最新一个数据的优先性，以后在应用这两类弱化缓冲算子时，要注意这个问题。所证明的普通强化缓冲算子不满足新信息优先原理，以后要谨慎使用。

借助矩阵计算理论，构造的分数阶经典弱化缓冲算子可以实现缓冲效果随着阶数的改变而改变。实际应用中，为缓冲算子的选择提供了一种新思路。

本章建立的多元弱化缓冲回归模型适用于“小样本建模”，样本较少时，多元缓冲回归模型可以充分体现新信息优先性，有利于开发“贫信息”的内涵；当样本量较小时，缓冲算子的缓冲作用较为明显。但并不是样本量越小越好，这与大样本为基础的概率论是相悖的，小样本系统旨在充分利用辅助信息，注重“贫信息”的内涵。缓冲算子是定性分析定量化的体现，把一元缓冲算子推广到多元情况是一个有益的探索。本章只讨论经典弱化缓冲算子的多元情况，未来可以讨论其他弱化缓冲算子和强化缓冲算子的多元情况。

本章算例中，没有选取最优阶数，即没有以平均相对误差绝对值最小为目标函数，选取最优阶数。如果以平均相对误差绝对值最小为目标函数，选取最优阶数，得到的模型精度会更高。

第 7 章　GM（1，1）分数阶累积模型

累积法除了用来估计 GM（1，1）模型参数外，有学者采用累积法估计其他灰色预测模型参数[188~191]。然而利用累积法估计 GM（1，1）模型参数时，当数据有微小扰动，对于模型参数的辨识产生怎样的影响，目前还没有相关研究成果。

本章利用矩阵扰动理论分析原有累积法累积阶数与扰动界的关系，进一步将整数阶累积推广到分数阶累积。

7.1　基于传统累积法估计 GM（1，1）模型参数的稳定性

定理 7.1.1[173]　设 $\boldsymbol{A}\in C^{n\times n}$ 是非奇异阵，$b\in C^{n}$，x 是方程 $\boldsymbol{A}x=b$ 的解，且 $1>\|\boldsymbol{E}\|_2\|\boldsymbol{A}^{-1}\|_2, B=\boldsymbol{A}+\boldsymbol{E}(\boldsymbol{E}\in C^{n\times n})$，则方程 $\boldsymbol{A}(x+h)=b+k$ 有唯一解 $x+h$，并且满足

$$\frac{\|h\|}{\|x\|}\leqslant\frac{\kappa}{\gamma}\left(\frac{\|\boldsymbol{E}\|_2}{\|\boldsymbol{A}\|}+\frac{\|k\|}{\|b\|}\right)$$

其中 $\kappa=\|\boldsymbol{A}^{-1}\|_2\|\boldsymbol{A}\|, \gamma=1-\kappa\dfrac{\|\boldsymbol{E}\|_2}{\|\boldsymbol{A}\|}>0$。

定理 7.1.2[64]　按照累积法，GM（1，1）模型 $x^{(0)}(k+1)+az^{(1)}(k)=b$ 的参数列满足

$$\begin{bmatrix}a\\b\end{bmatrix}=\boldsymbol{B}^{-1}\boldsymbol{Y}$$

其中

$$Y=\begin{bmatrix}-\sum_{k=2}^{n}{}^{(1)}x^{(0)}(k)\\-\sum_{k=2}^{n}{}^{(2)}x^{(0)}(k)\end{bmatrix},\ B=\begin{bmatrix}\sum_{k=2}^{n}{}^{(1)}z^{(1)}(k)&-\sum_{k=2}^{n}{}^{(1)}\\\sum_{k=2}^{n}{}^{(2)}z^{(1)}(k)&-\sum_{k=2}^{n}{}^{(2)}\end{bmatrix}。$$

定理 7.1.3[63]　对 $k>0$ 和给定的观察值 $\{x_j: j=1,2,\cdots,m\}$, k 阶累积和为

$$\sum_{j=1}^{m}{}^{(k)}x_j=\sum_{j=1}^{m}C_{m-j+k-1}^{m-j}x_j=\sum_{j=1}^{m}C_{m-j+k-1}^{k-1}x_j$$

定理 7.1.4　如果 $\hat{x}^{(0)}(r)=x^{(0)}(r)+\varepsilon(r=2,3,\cdots,n)$ 分别发生扰动，相应的 $\boldsymbol{Y}$ 和 $\boldsymbol{B}$ 都发生变化，扰动界记为 $L[x^{(0)}(r)](r=2,3,\cdots,n)$，则

$$L[x^{(0)}(r)]=|\varepsilon|\frac{\kappa}{\gamma}\left(\frac{\sqrt{(n-r+1)^4+(2n-2r+1)^2}}{2\|\boldsymbol{A}\|}+\frac{\sqrt{(n-r+1)^2+1}}{\|b\|}\right)(r=2,3,\cdots,n)$$

定理 7.1.4 不讨论原始序列中的第一个数 $x^{(0)}(1)$，因为改变第一个数预测精度不变。

证明：（1）如果只发生扰动 $\hat{x}^{(0)}(2)=x^{(0)}(2)+\varepsilon$，则

$$B=\begin{bmatrix}\sum_{k=2}^{n}{}^{(1)}z^{(1)}(k)&-\sum_{k=2}^{n}{}^{(1)}\\\sum_{k=2}^{n}{}^{(2)}z^{(1)}(k)&-\sum_{k=2}^{n}{}^{(2)}\end{bmatrix}=\begin{bmatrix}\sum_{k=2}^{n}z^{(1)}(k)&-(n-1)\\\sum_{k=2}^{n}C_{n-k+1}^{1}z^{(1)}(k)&-\sum_{k=2}^{n}C_{n-k+1}^{1}\end{bmatrix}$$

$$=\begin{bmatrix}1&1&\cdots&1&1\\C_{n-1}^{1}&C_{n-2}^{1}&\cdots&C_{2}^{1}&C_{1}^{1}\end{bmatrix}\begin{bmatrix}z^{(1)}(2)&-1\\z^{(1)}(3)&-1\\\vdots&\vdots\\z^{(1)}(n)&-1\end{bmatrix}$$

$$=\begin{bmatrix}1&1&\cdots&1&1\\C_{n-1}^{1}&C_{n-2}^{1}&\cdots&C_{2}^{1}&C_{1}^{1}\end{bmatrix}_{2\times(n-1)}\begin{bmatrix}1&\frac{1}{2}&0&\cdots&0&0\\1&1&\frac{1}{2}&\cdots&0&0\\\vdots&\vdots&\vdots&&\vdots&\vdots\\1&1&1&\cdots&1&\frac{1}{2}\end{bmatrix}_{(n-1)\times n}\begin{bmatrix}x^{(0)}(1)&-1\\x^{(0)}(2)&0\\\vdots&\vdots\\x^{(0)}(n)&0\end{bmatrix}_{n\times 2}$$

$$=\begin{bmatrix}n-1&n-2+\frac{1}{2}&n-3+\frac{1}{2}&\cdots&\frac{3}{2}&\frac{1}{2}\\\frac{n(n-1)}{2}&\frac{(n-1)^2}{2}&\frac{(n-2)^2}{2}&\cdots&2&\frac{1}{2}\end{bmatrix}\begin{bmatrix}x^{(0)}(1)&-1\\x^{(0)}(2)&0\\\vdots&\vdots\\x^{(0)}(n)&0\end{bmatrix}$$

$$\hat{\boldsymbol{B}}=\begin{bmatrix} n & n-2+\frac{1}{2} & n-3+\frac{1}{2} & \cdots & \frac{3}{2} & \frac{1}{2} \\ \frac{n(n-1)}{2} & \frac{(n-1)^2}{2} & \frac{(n-2)^2}{2} & \cdots & 2 & \frac{1}{2} \end{bmatrix}\begin{bmatrix} x^{(0)}(1) & -1 \\ x^{(0)}(2)+\varepsilon & 0 \\ \vdots & \vdots \\ x^{(0)}(n) & 0 \end{bmatrix}$$

$$=\boldsymbol{B}+\begin{bmatrix} n & n-2+\frac{1}{2} & n-3+\frac{1}{2} & \cdots & \frac{3}{2} & \frac{1}{2} \\ \frac{n(n-1)}{2} & \frac{(n-1)^2}{2} & \frac{(n-2)^2}{2} & \cdots & 2 & \frac{1}{2} \end{bmatrix}\begin{bmatrix} 0 & 0 \\ \varepsilon & 0 \\ \vdots & \vdots \\ 0 & 0 \end{bmatrix}$$

$$=\boldsymbol{B}+\begin{bmatrix} (n-\frac{3}{2})\varepsilon & 0 \\ \frac{(n-1)^2\varepsilon}{2} & 0 \end{bmatrix}$$

得 $\boldsymbol{E}=\begin{bmatrix} (n-\frac{3}{2})\varepsilon & 0 \\ \frac{(n-1)^2\varepsilon}{2} & 0 \end{bmatrix}$，$\boldsymbol{E}^{\mathrm{T}}\boldsymbol{E}$ 的最大特征根为 $\frac{(n-1)^4+(2n-3)^2}{4}\varepsilon^2$，所以

$\|\boldsymbol{E}\|_2=\sqrt{\lambda_{\max}(\boldsymbol{E}^{\mathrm{T}}\boldsymbol{E})}=\frac{\sqrt{(n-1)^4+(2n-3)^2}}{2}|\varepsilon|$。

$$\boldsymbol{Y}=\begin{bmatrix} -\sum_{k=2}^{n}{}^{(1)}x^{(0)}(k) \\ -\sum_{k=2}^{n}{}^{(2)}x^{(0)}(k) \end{bmatrix}=\begin{bmatrix} -\sum_{k=2}^{n}x^{(0)}(k) \\ -\sum_{k=2}^{n}\mathrm{C}_{n-k+1}^{1}x^{(0)}(k) \end{bmatrix}=\begin{bmatrix} -1 & -1 & \cdots & -1 \\ -\mathrm{C}_{n-1}^{1} & -\mathrm{C}_{n-2}^{1} & \cdots & -1 \end{bmatrix}_{(n-1)\times n}\begin{bmatrix} x^{(0)}(2) \\ x^{(0)}(3) \\ \vdots \\ x^{(0)}(n) \end{bmatrix}$$

$$\hat{\boldsymbol{Y}}=\begin{bmatrix} -1 & -1 & \cdots & -1 \\ -\mathrm{C}_{n-1}^{1} & -\mathrm{C}_{n-2}^{1} & \cdots & -1 \end{bmatrix}_{(n-1)\times n}\begin{bmatrix} x^{(0)}(2)+\varepsilon \\ x^{(0)}(3) \\ \vdots \\ x^{(0)}(n) \end{bmatrix}$$

$$=\boldsymbol{Y}+\begin{bmatrix} -1 & -1 & \cdots & -1 \\ -\mathrm{C}_{n-1}^{1} & -\mathrm{C}_{n-2}^{1} & \cdots & -1 \end{bmatrix}_{(n-1)\times n}\begin{bmatrix} \varepsilon \\ 0 \\ \vdots \\ 0 \end{bmatrix},$$

$$=\boldsymbol{Y}+\begin{bmatrix} -\varepsilon \\ -(n-1)\varepsilon \end{bmatrix}$$

得 $k=\begin{bmatrix} -\varepsilon \\ -(n-1)\varepsilon \end{bmatrix}$。

由于所有向量范数是等价的，因此不管采用哪种范数来计算条件数本质上是一致的，为了讨论问题的方便，这里取 2 范数。所以$\|k\|_2=\sqrt{n^2-2n+2}|\varepsilon|$。
由定理 7.1.1 得

$$\frac{\|h\|}{\|x\|}\leqslant\frac{\kappa}{\gamma}\left(\frac{\|\boldsymbol{E}\|_2}{\|\boldsymbol{A}\|}+\frac{\|k\|}{\|b\|}\right)=|\varepsilon|\frac{\kappa}{\gamma}\left(\frac{\sqrt{(n-1)^4+(2n-3)^2}}{2\|\boldsymbol{A}\|}+\frac{\sqrt{n^2-2n+2}}{\|b\|}\right)$$

$$L[x_i^{(0)}(2)]=|\varepsilon|\frac{\kappa}{\gamma}\left(\frac{\sqrt{(n-1)^4+(2n-3)^2}}{2\|\boldsymbol{A}\|}+\frac{\sqrt{n^2-2n+2}}{\|b\|}\right)。$$

（2）依次类推，如果只发生扰动$\hat{x}^{(0)}(r)=x^{(0)}(r)+\varepsilon(r=3,4,\cdots,n)$时，解的扰动界为

$$\frac{\|h\|}{\|x\|}\leqslant\frac{\kappa}{\gamma}\left(\frac{\|\boldsymbol{E}\|_2}{\|\boldsymbol{A}\|}+\frac{\|k\|}{\|b\|}\right)=|\varepsilon|\frac{\kappa}{\gamma}\left(\frac{\sqrt{(n-r+1)^4+(2n-2r+1)^2}}{2\|\boldsymbol{A}\|}+\frac{\sqrt{(n-r+1)^2+1}}{\|b\|}\right)$$

$$L[x^{(0)}(r)]=|\varepsilon|\frac{\kappa}{\gamma}\left(\frac{\sqrt{(n-r+1)^4+(2n-2r+1)^2}}{2\|\boldsymbol{A}\|}+\frac{\sqrt{(n-r+1)^2+1}}{\|b\|}\right),r=3,4,\cdots,n。$$

7.2　基于分数阶累积法估计灰色模型参数的稳定性

由于扰动不超过扰动界，解的扰动界大，并不意味扰动一定大；但是随着原始序列样本量变大，解的扰动界变大，给人一种美中不足的感觉。所以从系统稳定的角度看，希望得到较小的扰动界。为进一步研究累积阶数对 GM（1，1）模型解的影响，提出以下分数阶累积法。

定义 7.2.1　对$\frac{p}{q}$和给定的观察值$\{x_j:j=1,2,\cdots,m\}$，称$\frac{p}{q}$阶累积和为

$$\sum_{j=1}^{m}{}^{(\frac{p}{q})}x_j=\sum_{j=1}^{m}\mathrm{C}_{m-j+\frac{p}{q}-1}^{m-j}x_j$$

规定$\mathrm{C}_{\frac{p}{q}-1}^{0}=1$，$\mathrm{C}_{m-j+\frac{p}{q}-1}^{m-j}=\dfrac{(m-j+\frac{p}{q}-1)(m-j+\frac{p}{q}-2)\cdots(\frac{p}{q}+1)\frac{p}{q}}{(m-j)!}$。

定理 7.2.1　如果$\hat{x}^{(0)}(r)=x^{(0)}(r)+\varepsilon(r=2,3,\cdots,n)$分别发生扰动，相应的$\boldsymbol{Y}$和$\boldsymbol{B}$都发生变化，扰动界记为$L^{\frac{p}{q}}[x^{(0)}(r)](r=2,3,\cdots,n)$，则

$$L^{\frac{p}{q}}[x^{(0)}(r)]$$

$$=|\varepsilon|\frac{\kappa}{\gamma}\left(\frac{\sqrt{(\mathrm{C}_{n-r+\frac{p}{q}}^{n-r}+\mathrm{C}_{n-r-1+\frac{p}{q}}^{n-r-1})^2+(2n-2r+1)^2}}{2\|\boldsymbol{A}\|}+\frac{\sqrt{(\mathrm{C}_{n-r-1+\frac{p}{q}}^{n-r})^2+1}}{\|b\|}\right),r=2,3,\cdots,n$$

证明：（1）如果只发生扰动 $\hat{x}^{(0)}(2)=x^{(0)}(2)+\varepsilon$，则

$$\boldsymbol{B}=\begin{bmatrix}\sum\limits_{k=2}^{n}{}^{(1)}z^{(1)}(k) & -\sum\limits_{k=2}^{n}{}^{(1)} \\ \sum\limits_{k=2}^{n}{}^{(\frac{p}{q})}z^{(1)}(k) & -\sum\limits_{k=2}^{n}{}^{(\frac{p}{q})}\end{bmatrix}=\begin{bmatrix}\sum\limits_{k=2}^{n}z^{(1)}(k) & -(n-1) \\ \sum\limits_{k=2}^{n}\mathrm{C}_{n-k+\frac{p}{q}-1}^{n-k}z^{(1)}(k) & -\sum\limits_{k=2}^{n}\mathrm{C}_{n-k+\frac{p}{q}-1}^{n-k}\end{bmatrix}$$

$$=\begin{bmatrix}1 & 1 & \cdots & 1 & 1 \\ \mathrm{C}_{n-3+\frac{p}{q}}^{n-2} & \mathrm{C}_{n-4+\frac{p}{q}}^{n-3} & \cdots & \mathrm{C}_{\frac{p}{q}}^{1} & \mathrm{C}_{\frac{p}{q}-1}^{0}\end{bmatrix}\begin{bmatrix}z^{(1)}(2) & -1 \\ z^{(1)}(3) & -1 \\ \vdots & \vdots \\ z^{(1)}(n) & -1\end{bmatrix}$$

$$=\begin{bmatrix}1 & 1 & \cdots & 1 & 1 \\ \mathrm{C}_{n-3+\frac{p}{q}}^{n-2} & \mathrm{C}_{n-4+\frac{p}{q}}^{n-3} & \cdots & \mathrm{C}_{\frac{p}{q}}^{1} & \mathrm{C}_{\frac{p}{q}-1}^{0}\end{bmatrix}_{2\times(n-1)}\begin{bmatrix}1 & \frac{1}{2} & 0 & \cdots & 0 & 0 \\ 1 & 1 & \frac{1}{2} & \cdots & 0 & 0 \\ \vdots & \vdots & \vdots & & \vdots & \vdots \\ 1 & 1 & 1 & \cdots & 1 & \frac{1}{2}\end{bmatrix}_{(n-1)\times n}\begin{bmatrix}x^{(0)}(1) & -1 \\ x^{(0)}(2) & 0 \\ \vdots & \vdots \\ x^{(0)}(n) & 0\end{bmatrix}_{n\times 2}$$

$$=\begin{bmatrix}n-1 & n-2+\frac{1}{2} & n-3+\frac{1}{2} & \cdots & \frac{3}{2} & \frac{1}{2} \\ \mathrm{C}_{n-2+\frac{p}{q}}^{n-2} & \frac{\mathrm{C}_{n-2+\frac{p}{q}}^{n-2}+\mathrm{C}_{n-3+\frac{p}{q}}^{n-3}}{2} & \frac{\mathrm{C}_{n-3+\frac{p}{q}}^{n-3}+\mathrm{C}_{n-4+\frac{p}{q}}^{n-4}}{2} & \cdots & 1+\frac{p}{2q} & \frac{1}{2}\end{bmatrix}\begin{bmatrix}x^{(0)}(1) & -1 \\ x^{(0)}(2) & 0 \\ \vdots & \vdots \\ x^{(0)}(n) & 0\end{bmatrix}$$

$$\hat{\boldsymbol{B}}=\begin{bmatrix}n-1 & n-2+\frac{1}{2} & n-3+\frac{1}{2} & \cdots & \frac{3}{2} & \frac{1}{2} \\ \mathrm{C}_{n-2+\frac{p}{q}}^{n-2} & \frac{\mathrm{C}_{n-2+\frac{p}{q}}^{n-2}+\mathrm{C}_{n-3+\frac{p}{q}}^{n-3}}{2} & \frac{\mathrm{C}_{n-3+\frac{p}{q}}^{n-3}+\mathrm{C}_{n-4+\frac{p}{q}}^{n-4}}{2} & \cdots & 1+\frac{p}{2q} & \frac{1}{2}\end{bmatrix}\begin{bmatrix}x^{(0)}(1) & -1 \\ x^{(0)}(2)+\varepsilon & 0 \\ \vdots & \vdots \\ x^{(0)}(n) & 0\end{bmatrix}$$

$$=\boldsymbol{B}+\begin{bmatrix} n-1 & n-2+\frac{1}{2} & n-3+\frac{1}{2} & \cdots & \frac{3}{2} & \frac{1}{2} \\ \mathrm{C}_{n-2+\frac{p}{q}}^{n-2} & \frac{\mathrm{C}_{n-2+\frac{p}{q}}^{n-2}+\mathrm{C}_{n-3+\frac{p}{q}}^{n-3}}{2} & \frac{\mathrm{C}_{n-3+\frac{p}{q}}^{n-3}+\mathrm{C}_{n-4+\frac{p}{q}}^{n-4}}{2} & \cdots & 1+\frac{p}{2q} & \frac{1}{2} \end{bmatrix}\begin{bmatrix} 0 & 0 \\ \varepsilon & 0 \\ \vdots & \vdots \\ 0 & 0 \end{bmatrix}$$

$$=\boldsymbol{B}+\begin{bmatrix} (n-\frac{3}{2})\varepsilon & 0 \\ \frac{(\mathrm{C}_{n-2+\frac{p}{q}}^{n-2}+\mathrm{C}_{n-3+\frac{p}{q}}^{n-3})\varepsilon}{2} & 0 \end{bmatrix}$$

得 $\boldsymbol{E}=\begin{bmatrix} (n-\frac{3}{2})\varepsilon & 0 \\ \frac{(\mathrm{C}_{n-2+\frac{p}{q}}^{n-2}+\mathrm{C}_{n-3+\frac{p}{q}}^{n-3})\varepsilon}{2} & 0 \end{bmatrix}$，$\boldsymbol{E}^{\mathrm{T}}\boldsymbol{E}=\begin{bmatrix} \frac{(\mathrm{C}_{n-2+\frac{p}{q}}^{n-2}+\mathrm{C}_{n-3+\frac{p}{q}}^{n-3})^2+(2n-3)^2}{4}\varepsilon^2 & 0 \\ 0 & 0 \end{bmatrix}$，

$\boldsymbol{E}^{\mathrm{T}}\boldsymbol{E}$ 的最大特征根为 $\frac{(\mathrm{C}_{n-2+\frac{p}{q}}^{n-2}+\mathrm{C}_{n-3+\frac{p}{q}}^{n-3})^2+(2n-3)^2}{4}\varepsilon^2$，所以

$$\|\boldsymbol{E}\|_2=\sqrt{\lambda_{\max}(\boldsymbol{E}^{\mathrm{T}}\boldsymbol{E})}=\frac{\sqrt{(\mathrm{C}_{n-2+\frac{p}{q}}^{n-2}+\mathrm{C}_{n-3+\frac{p}{q}}^{n-3})^2+(2n-3)^2}}{2}|\varepsilon|。$$

$$\boldsymbol{Y}=\begin{bmatrix} -\sum_{k=2}^{n}{}^{(1)}x^{(0)}(k) \\ -\sum_{k=2}^{n}{}^{(\frac{p}{q})}x^{(0)}(k) \end{bmatrix}=\begin{bmatrix} -\sum_{k=2}^{n}x^{(0)}(k) \\ -\sum_{k=2}^{n}\mathrm{C}_{n-k+\frac{p}{q}-1}^{n-k}x^{(0)}(k) \end{bmatrix}$$

$$=\begin{bmatrix} -1 & -1 & \cdots & -1 \\ -\mathrm{C}_{n-3+\frac{p}{q}}^{n-2} & -\mathrm{C}_{n-4+\frac{p}{q}}^{n-3} & \cdots & -\mathrm{C}_{\frac{p}{q}-1}^{0} \end{bmatrix}_{(n-1)\times n}\begin{bmatrix} x^{(0)}(2) \\ x^{(0)}(3) \\ \vdots \\ x^{(0)}(n) \end{bmatrix}$$

$$\hat{\boldsymbol{Y}}=\begin{bmatrix} -1 & -1 & \cdots & -1 \\ -\mathrm{C}_{n-3+\frac{p}{q}}^{n-2} & -\mathrm{C}_{n-4+\frac{p}{q}}^{n-3} & \cdots & -\mathrm{C}_{\frac{p}{q}-1}^{0} \end{bmatrix}_{(n-1)\times n}\begin{bmatrix} x^{(0)}(2)+\varepsilon \\ x^{(0)}(3) \\ \vdots \\ x^{(0)}(n) \end{bmatrix}$$

$$=\boldsymbol{Y}+\begin{bmatrix} -1 & -1 & \cdots & -1 \\ -\mathrm{C}_{n-3+\frac{p}{q}}^{n-2} & -\mathrm{C}_{n-4+\frac{p}{q}}^{n-3} & \cdots & -\mathrm{C}_{\frac{p}{q}-1}^{0} \end{bmatrix}_{(n-1)\times n}\begin{bmatrix} \varepsilon \\ 0 \\ \vdots \\ 0 \end{bmatrix}$$

$$=\boldsymbol{Y}+\begin{bmatrix} -\varepsilon \\ -\mathrm{C}_{n-3+\frac{p}{q}}^{n-2}\varepsilon \end{bmatrix}$$

得 $k=\begin{bmatrix} -\varepsilon \\ -\mathrm{C}_{n-3+\frac{p}{q}}^{n-2}\varepsilon \end{bmatrix}$。

取 2 范数，$\|k\|_2=\sqrt{(\mathrm{C}_{n-3+\frac{p}{q}}^{n-2})^2+1}\,|\varepsilon|$。由定理 7.1.1 得

$$\frac{\|h\|}{\|x\|}\leqslant\frac{\kappa}{\gamma}\left(\frac{\|\boldsymbol{E}\|_2}{\|\boldsymbol{A}\|}+\frac{\|k\|}{\|b\|}\right)=|\varepsilon|\frac{\kappa}{\gamma}\left(\frac{\sqrt{(\mathrm{C}_{n-2+\frac{p}{q}}^{n-2}+\mathrm{C}_{n-3+\frac{p}{q}}^{n-3})^2+(2n-3)^2}}{2\|\boldsymbol{A}\|}+\frac{\sqrt{(\mathrm{C}_{n-3+\frac{p}{q}}^{n-2})^2+1}}{\|b\|}\right),$$

$$L^{\frac{p}{q}}[x^{(0)}(2)]=|\varepsilon|\frac{\kappa}{\gamma}\left(\frac{\sqrt{(\mathrm{C}_{n-2+\frac{p}{q}}^{n-2}+\mathrm{C}_{n-3+\frac{p}{q}}^{n-3})^2+(2n-3)^2}}{2\|\boldsymbol{A}\|}+\frac{\sqrt{(\mathrm{C}_{n-3+\frac{p}{q}}^{n-2})^2+1}}{\|b\|}\right);$$

（2）依次类推，如果只发生扰动 $\hat{x}^{(0)}(r)=x^{(0)}(r)+\varepsilon(r=3,4,\cdots,n)$ 时，解的扰动界为

$$\frac{\|h\|}{\|x\|}\leqslant\frac{\kappa}{\gamma}\left(\frac{\|\boldsymbol{E}\|_2}{\|\boldsymbol{A}\|}+\frac{\|k\|}{\|b\|}\right)$$

$$=\frac{|\varepsilon|\kappa}{\gamma}\left(\frac{\sqrt{(\mathrm{C}_{n-r+\frac{p}{q}}^{n-r}+\mathrm{C}_{n-r-1+\frac{p}{q}}^{n-r-1})^2+(2n-2r+1)^2}}{2\|\boldsymbol{A}\|}+\frac{\sqrt{(\mathrm{C}_{n-r-1+\frac{p}{q}}^{n-r})^2+1}}{\|b\|}\right),$$

$$L^{\frac{p}{q}}[x^{(0)}(r)]$$

$$=|\varepsilon|\frac{\kappa}{\gamma}\left(\frac{\sqrt{(\mathrm{C}_{n-r+\frac{p}{q}}^{n-r}+\mathrm{C}_{n-r-1+\frac{p}{q}}^{n-r-1})^2+(2n-2r+1)^2}}{2\|\boldsymbol{A}\|}+\frac{\sqrt{(\mathrm{C}_{n-r-1+\frac{p}{q}}^{n-r})^2+1}}{\|b\|}\right),r=3,4,\cdots,n$$

得证。

显然当 r 固定时，$\frac{p}{q}$ 越大，$L^{\frac{p}{q}}[x^{(0)}(r)]$ 越大。当 $0<\frac{p}{q}<1$，$L^{\frac{p}{q}}[x^{(0)}(r)]<L[x^{(0)}(r)]$，说明利用 $\frac{p}{q}$ 阶累积法求解 GM（1，1）模型参数时，在扰动都是 ε 的情况下，$\frac{p}{q}$ 阶累积法得到的扰动界较小。

可以看出 $L^{\frac{p}{q}}[x^{(0)}(2)]>L^{\frac{p}{q}}[x^{(0)}(3)]>\cdots>L^{\frac{p}{q}}[x^{(0)}(n)]$，即在扰动相等的情况下，越新的数据发生扰动，解的扰动界越小。越新的数据对解的影响越小，这与新信息优先原理相矛盾。当 $0<\frac{p}{q}<1$ 时，扰动界的差 $L^{\frac{p}{q}}[x^{(0)}(k-1)]-L^{\frac{p}{q}}[x^{(0)}(k)]$ $(k=3,4,\cdots,n)$ 变小，利用 $\frac{p}{q}$ 阶累积法求解 GM（1，1）模型参数时，这种矛盾可以缓和，但不能根除；因为此时扰动界的差依然为正数，只有当扰动界的差 $L^{\frac{p}{q}}[x^{(0)}(k-1)]-L^{\frac{p}{q}}[x^{(0)}(k)](k=3,\ 4,\cdots,n)$ 为负数时，才能体现新信息优先原理。利用 $\frac{p}{q}(1\leqslant\frac{p}{q})$ 阶累积法求解 GM（1，1）模型参数时，这种矛盾会进一步加剧。

7.3 实例分析

为便于比较，采用文献[116]的算例，数据见表 7.1。用 2000~2005 年的数据分别建立三种模型，预测 2006 年的人均电力消费，结果对比见表 7.2。

表 7.1 中国人均电力消费（单位：千瓦时）

年份	2000	2001	2002	2003	2004	2005	2006
$x^{(0)}(k)$	132.4	144.6	156.3	173.7	190.2	216.7	249.4

表 7.2 预测结果对比

模型	模型（7.1）	模型（7.2）	模型（7.3）
2000~2005 年的平均相对误差绝对值/%	0.94	0.93	0.88
2006 年的平均相对误差绝对值/%	5.32	4.94	3.65

当 $\frac{p}{q}=3$ 时，所建模型为

$$\hat{x}^{(0)}(k)=(132.4+\frac{122.2698}{0.1005})(1-e^{-0.1005})e^{0.1005k} \tag{7.1}$$

利用传统的累积法$\left(\frac{p}{q}=1\right)$建模得

$$\hat{x}^{(0)}(k)=(132.4+\frac{121.553}{0.1018})(1-e^{-0.1018})e^{0.1018k} \tag{7.2}$$

当$\frac{p}{q}=\frac{1}{2}$时，所建模型为

$$\hat{x}^{(0)}(k)=(132.4+\frac{119.1327}{0.1064})(1-e^{-0.1018})e^{0.1064k} \tag{7.3}$$

结果对比说明$\frac{p}{q}$越小，所建模型相对稳定，拟合精度和预测精度都是相对较高的。

（1）稳定性是研究任何系统都必须考虑的问题。本章利用矩阵扰动理论证明了原有累积法累积的阶数越高，解的扰动界越大。在扰动相等的情况下，越新的数据发生扰动，解的扰动界越小，而越新的数据对解的影响越小，这与新信息优先原理相矛盾。当阶数小于 1 时，这种矛盾有所缓和，但不能根除，也没有体现新信息的重要性。如何在提高 GM（1，1）模型精度和稳定性的同时，消除这种矛盾是以后研究的一个方向。

（2）实例验证了当阶数小于1时，灰色预测模型解的扰动界较小，模型的解相对稳定。但是阶数如何恰当取值也是值得研究的一个问题。

（3）本章算例中，没有选取最优阶数，即没有以平均相对误差绝对值最小为目标函数，选取最优阶数。如果以平均相对误差绝对值最小为目标函数，选取最优阶数，得到的模型精度会更高。

第8章 区间灰数序列的灰色预测模型

现有灰色预测模型多是以“实数”为建模对象，不是以灰色系统的基本表示单位——灰数为建模对象。这是因为目前灰代数运算体系尚不完善，建立灰数预测模型是一个难点，因此以“灰数”为建模对象的研究刚刚起步[89~91]。文献[90]以区间灰数白化值作为区间灰数的发展趋势，但认为区间灰数的认知程度不变是不恰当的。文献[91]通过计算灰数层的面积及灰数层中位线中点的坐标，建立区间灰数预测模型，但是没考虑区间灰数的认知程度。

实际上，由于认知过程的复杂，有可能出现既包含区间灰数，又包含实数的混合序列。面对这样的序列，我们如何分析预测？纵观现有文献，目前国内外尚未发现基于混合序列的预测模型研究。本章将通过计算灰数层的面积和区间灰数的认知程度，将区间灰数序列转变成实数序列，分别预测灰数层的面积和区间灰数的认知程度，从而建立一种无偏的区间灰数预测模型。

8.1 区间灰数的大小比较方法

灰数的大小比较要考虑灰数的论域。一个大的灰数离论域上界较近，离论域下界较远。一个小的灰数离论域上界较远，离论域下界较近。

定义 8.1.1 设$\otimes_1 \in [\underline{a},\overline{a}],\otimes_2 \in [\underline{b},\overline{b}]$分别为区间灰数，$\Omega$为这两个灰数产生的论域或背景，记$\Omega \in [\min(\underline{a},\underline{b}),\max(\overline{a},\overline{b})]$。$\dfrac{\underline{a}-\min(\underline{a},\underline{b})}{\underline{a}-\min(\underline{a},\underline{b})+\max(\overline{a},\overline{b})-\overline{a}}$为区间灰数$\otimes_1$在论域$\Omega$中的确定值，记作$\hat{\otimes}_1=\dfrac{\underline{a}-\min(\underline{a},\underline{b})}{\underline{a}-\min(\underline{a},\underline{b})+\max(\overline{a},\overline{b})-\overline{a}}$。$1-\dfrac{\overline{a}-\underline{a}}{\max(\overline{a},\overline{b})-\min(\underline{a},\underline{b})}$为灰数$\otimes_1$在论域$\Omega$中的确定度，记作$P(\otimes_1)=1-$

$\dfrac{\overline{a}-\underline{a}}{\max(\overline{a},\overline{b})-\min(\underline{a},\underline{b})}$。

当 $\underline{a}-\min(\underline{a},\underline{b})+\max(\overline{a},\overline{b})-\overline{a}=0$，$\hat{\otimes}_1=0$。

当 $\dfrac{\underline{a}-\min(\underline{a},\underline{b})}{\underline{a}-\min(\underline{a},\underline{b})+\max(\overline{a},\overline{b})-\overline{a}}>\dfrac{\underline{b}-\min(\underline{a},\underline{b})}{\underline{b}-\min(\underline{a},\underline{b})+\max(\overline{a},\overline{b})-\overline{b}}$，称灰数 $\otimes_1$ 大于灰数 $\otimes_2$，记为 $\hat{\otimes}_1>\hat{\otimes}_2$。

如果 $\dfrac{\underline{a}-\min(\underline{a},\underline{b})}{\underline{a}-\min(\underline{a},\underline{b})+\max(\overline{a},\overline{b})-\overline{a}}=\dfrac{\underline{b}-\min(\underline{a},\underline{b})}{\underline{b}-\min(\underline{a},\underline{b})+\max(\overline{a},\overline{b})-\overline{b}}$ 时，当灰数的确定度满足 $P(\otimes_1)>P(\otimes_2)$，称灰数 $\otimes_1$ 大于灰数 $\otimes_2$，记为 $\hat{\otimes}_1>\hat{\otimes}_2$，即确定度大的灰数较大，确定度小的灰数较小。

实际上，在多数情况下，为避免确定值为 0 或 1 的情况，灰数论域的上界与下界可以借助 Latent information function（LI 函数）求得。

LI 函数由 Chang 等提出，其做法是将数据的可能范围进行适度的扩展以填补数据间距，并以手边所拥有的样本数量来决定值域的延展程度。具体而言，当拥有大量的观察值时，因信息量较大使数据轮廓较为明确，此时并不需要大幅度地扩展值域；反之，若信息量有限，则较大程度地扩展值域范围是必须的[192]。因此，值域的扩展程度将以全距除以样本数来决定，而向左或向右延展的比例则使用偏度指标来确定，延伸后的界限称为上界与下界，再结合中心趋势共同建构出 LI 函数。LI 值的范围界于 0~1，它代表数据出现的可能强度。LI 函数的完整建构程序叙述如下。

以上方法对一般区间数的大小比较同样适用。

例 8.1.1　此例来自文献[193]，有 4 个区间数 $a_1\in[3,5],a_2\in[4,6],a_3\in[4,7]$，$a_4\in[3,6]$。显然这 4 个区间数的论域 $\Omega=[3,7]$。为避免确定值为 0 或 1 的情况，根据 LI 函数，有必要扩展灰数的论域。扩展灰数论域下界的过程如下。

Step 1：4 个区间数的下界分别为 $\underline{a_1}=3,\underline{a_2}=4,\underline{a_3}=4,\underline{a_4}=3,$ 下界数据集合 $X=\{3,4,4,3\}$，元素个数 $n=4$，$x_{\max}$ 为 X 中的最大值，$x_{\min}$ 为 X 中的最小值，则全距可由公式得

$$R=x_{\max}-x_{\min}=4-3=1$$

Step 2：找出 4 个下界的中心点 CL：

$$\mathrm{CL}=\frac{x_{\min}+x_{\max}}{2}=\frac{4+3}{2}=3.5$$

Step 3：计算下界数据集合中小于 CL 的元素个数 $\left|X^-\right|$，$\left|X^-\right|=2$。

Step 4：确定下界数据集合的递减趋势（DT）：

$$\text{DT} = \frac{|X^-|}{|X^+|+|X^-|} = 0.5$$

Step 5：利用 DT 扩展值域范围。扩展后的值域下界（LB）可由下列的公式得到

$$\text{LB} = x_{\min} - \text{DT} \times \frac{R}{n} = 3 - 0.5 \times 0.25 = 2.875$$

扩展灰数论域上界的过程如下。

Step 1：4 个区间数的上界分别为 $\bar{a}_1 = 5, \bar{a}_2 = 6, \bar{a}_3 = 7, \bar{a}_4 = 6$, 上界数据集合 $X = \{5,6,7,6\}$，元素个数 $n = 4$，$x_{\max}$ 为 X 中的最大值，$x_{\min}$ 为 X 中的最小值，则全距可由公式得

$$R = x_{\max} - x_{\min} = 7 - 5 = 2$$

Step 2：找出 4 个上界的中心点 CL：

$$\text{CL} = \frac{x_{\min} + x_{\max}}{2} = \frac{5+7}{2} = 6$$

Step 3：计算上界数据集合中大于 CL 的元素个数 $|X^+|$，$|X^+|=1$。

Step 4：确定上界数据集合的递增趋势（IT）：

$$\text{IT} = \frac{|X^+|}{|X^+|+|X^-|} = 0.5$$

Step 5：利用 IT 扩展值域范围。扩展后的值域上界（UB）可由下列的公式得到

$$\text{UB} = x_{\max} + \text{IT} \times \frac{R}{n} = 7.25$$

4 个区间数扩展后的论域 $\Omega = [2.875, 7.25]$，依据定义 8.1.1，$\hat{a}_1 = 0.0526$，$\hat{a}_2 = 0.4737$，$\hat{a}_3 = 0.8181$，$\hat{a}_4 = 0.0909$，所以得 $a_3 > a_2 > a_4 > a_1$。Xu 和 Da 的排序也是 $a_3 > a_2 > a_4 > a_1$[193]，说明本章方法是合理的。

在实际比较灰数或者区间数大小时，可以根据实际情况确定灰数或者区间数的领域。

8.2 区间灰数的无偏预测模型构建

定义 8.2.1 由区间灰数构成的时间序列称为区间灰数序列，记作 $X(\otimes) = \{\otimes(1), \otimes(2), \cdots, \otimes(n)\}$, $\otimes(k) \in [v_k, u_k], k = 1,2$，$v_k$ 和 u_k 分别称为灰数 $\otimes(k)$ 的下界、上界。

定义 8.2.2　图 8.1 是区间灰数序列的元素在直角坐标系中的示意图，由相邻区间灰数的上界点和下界点，分别可以确定唯一的指数函数，由指数函数而围成的图形称为灰数层，若干个相邻区间灰数之间的灰数层称为灰数带。

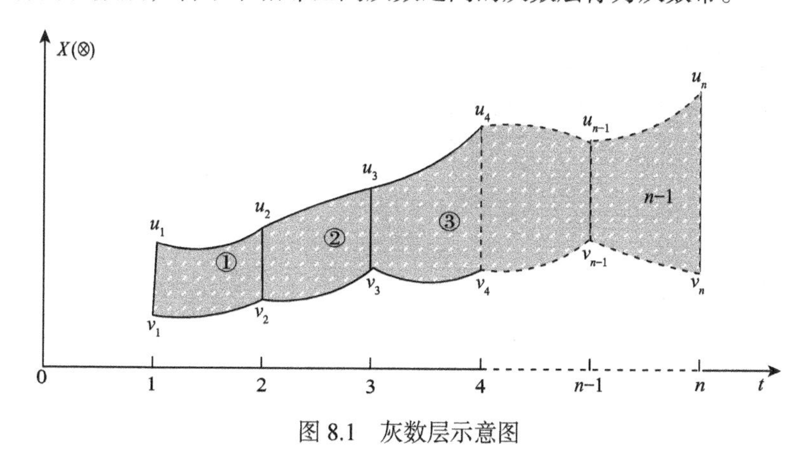

图 8.1　灰数层示意图

例如，由 u_2 和 u_3，有且只能确定一个过 u_2 和 u_3 的指数函数，记为 $u_k = c_2\mathrm{e}^{a_2 k}$；同理，过 v_2 和 v_3 的指数函数为 $v_k = c_1\mathrm{e}^{a_1 k}$。由 $c_2\mathrm{e}^{a_2 k}$、$c_1\mathrm{e}^{a_1 k}$、$k=2$ 和 $k=3$ 围成的图形为灰数层。

设等时距区间灰数序列 $X(\otimes)=\left(\otimes(t_1),\otimes(t_2),\cdots,\otimes(t_n)\right)$，对应的灰数层如图 8.1 所示。其中，根据灰数层在灰数带中的位置，带圈的数字（①，②，…，$n-1$）表示灰数层编号。

定理 8.2.1　若区间灰数序列 $X(\otimes)=(\otimes(1),\otimes(2),\cdots,\otimes(n))$，$\otimes(k)\in[v_k,u_k]$，$k=1,2,\cdots,n$。灰数层面积为

$$s_k = \frac{u_{k+1}-u_k}{\ln\dfrac{u_{k+1}}{u_k}} - \frac{v_{k+1}-v_k}{\ln\dfrac{v_{k+1}}{v_k}}$$

证明：设经过 u_k, u_{k+1} 的函数为 $y_1 = c\mathrm{e}^{at}$ 得方程组

$$\begin{cases} u_k = c\mathrm{e}^{ak} \\ u_{k+1} = c\mathrm{e}^{ak+a} \end{cases}$$

解得

$$y_1 = \frac{(u_k)^{k+1}}{(u_{k+1})^k}\left(\frac{u_{k+1}}{u_k}\right)^t$$

同理得经过 v_k, v_{k+1} 的函数为

$$y_2 = \frac{(v_k)^{k+1}}{(v_{k+1})^k}\left(\frac{v_{k+1}}{v_k}\right)^t$$

则

$$s_k=\int_k^{k+1}(y_1-y_2)\mathrm{d}t=\frac{u_{k+1}-u_k}{\ln\dfrac{u_{k+1}}{u_k}}-\frac{v_{k+1}-v_k}{\ln\dfrac{v_{k+1}}{v_k}} \tag{8.1}$$

若区间灰数序列 $X(\otimes)=(\otimes(1),\otimes(2),\cdots,\otimes(n))$, $\otimes(k)\in[v_k,u_k]$, $k=1,2,\cdots,n$。通过式（8.1），灰数带中所有灰数层的面积构成实数序列，记为 $S=(s_1,s_2,\cdots,s_{n-1})$。借鉴于自回归模型的思想，假设灰数层的面积满足

$$s_{k+1}=\beta_1 s_k+\beta_2\left(\frac{u_{k+1}-u_k}{\ln\dfrac{u_{k+1}}{u_k}}+\frac{v_{k+1}-v_k}{\ln\dfrac{v_{k+1}}{v_k}}\right) \tag{8.2}$$

式（8.2）中 β_1 和 β_2 是未知参数，经最小二乘估计得

$$\begin{pmatrix}\hat{\beta}_1\\ \hat{\beta}_2\end{pmatrix}=(\boldsymbol{B}^{\mathrm{T}}\boldsymbol{B})^{-1}\boldsymbol{B}^{\mathrm{T}}\boldsymbol{Y}$$

其中

$$\boldsymbol{B}=\begin{bmatrix} s_1 & \dfrac{u_2-u_1}{\ln\dfrac{u_2}{u_1}}+\dfrac{v_2-v_1}{\ln\dfrac{v_2}{v_1}} \\ s_2 & \dfrac{u_3-u_2}{\ln\dfrac{u_3}{u_2}}+\dfrac{v_3-v_2}{\ln\dfrac{v_3}{v_2}} \\ \vdots & \vdots \\ s_{n-2} & \dfrac{u_{n-1}-u_{n-2}}{\ln\dfrac{u_{n-1}}{u_{n-2}}}+\dfrac{v_{n-1}-v_{n-2}}{\ln\dfrac{v_{n-1}}{v_{n-2}}} \end{bmatrix},\qquad \boldsymbol{Y}=\begin{bmatrix} s_2\\ s_3\\ \vdots\\ s_{n-1}\end{bmatrix}。$$

设 $\hat{s}_1=s_1$，将 $\hat{\beta}_1$ 和 $\hat{\beta}_2$ 代入式（8.2），得

$$\hat{s}_{k+1}=\hat{\beta}_1\hat{s}_k+\hat{\beta}_2\left(\frac{u_{k+1}-u_k}{\ln\dfrac{u_{k+1}}{u_k}}+\frac{v_{k+1}-v_k}{\ln\dfrac{v_{k+1}}{v_k}}\right) \tag{8.3}$$

由式（8.3）可依次求得 $\hat{s}_1,\hat{s}_2,\cdots,\hat{s}_n$，进一步设

$$\hat{s}_k=\frac{u_{k+1}-u_k}{\ln\dfrac{u_{k+1}}{u_k}}-\frac{v_{k+1}-v_k}{\ln\dfrac{v_{k+1}}{v_k}} \tag{8.4}$$

其中式（8.4）中 u_{k+1} 和 v_{k+1} 是未知参数。

定义 8.2.3　对于区间灰数 $[v_k,u_k], 0<v_k\leqslant u_k$，称

$$r_k = \frac{v_k}{u_k} \tag{8.5}$$

为区间灰数$[v_k, u_k]$的认知程度，称$R=(r_1, r_2, \cdots, r_n)$为区间灰数$[v_k, u_k]$的认知程度序列。

易证对于掌握了所有信息的白数，其认知程度为 1，即白数是认知程度为 1 的特殊区间灰数。考虑到人的认知程度受记忆的影响，即当前区间灰数的认知程度会影响到以后区间灰数的认知程度。由于基于序列累加的 DGM（1，1）[2]具有无偏性（对完全满足指数增长的序列可以完全拟合），不存在离散模型与连续模型之间的近似代替，通常具有较高精度。所以对序列$R=(r_1, r_2, \cdots, r_n)$建立 DGM（1，1）得

$$\hat{r}_{k+1} = (1-\mathrm{e}^{-a_r})(r_1 - \frac{b_r}{a_r})\mathrm{e}^{-a_r k}, \quad k=1,2,\cdots,n$$

区间灰数预测的建模步骤如下。

Step 1：按照式（8.1）计算区间灰数层面积s_k；

Step 2：按照式（8.3）预测区间灰数层面积$\hat{s}_k$；

Step 3：按照式（8.5）计算区间灰数的认知程度r_k；

Step 4：对区间灰数的认知程度序列$R=(r_1, r_2, \cdots, r_n)$建立 DGM（1，1）模型，得到认知程度的预测值；

Step 5：由$\hat{r}_{k+1} = \frac{v_{k+1}}{u_{k+1}}$，得

$$v_{k+1} = u_{k+1}\hat{r}_{k+1} \tag{8.6}$$

其中，u_{k+1}和v_{k+1}是未知参数，$k=1,2,\cdots,n$；

Step 6：由式（8.4）和式（8.6）得方程组

$$\begin{cases} v_{k+1} = \hat{r}_{k+1}u_{k+1} \\ \hat{s}_k = \dfrac{u_{k+1}-u_k}{\ln\dfrac{u_{k+1}}{u_k}} - \dfrac{v_{k+1}-v_k}{\ln\dfrac{v_{k+1}}{v_k}} \end{cases}$$

解方程组得u_{k+1}和v_{k+1}的预测值。

8.3 上界、下界均服从指数增长的区间灰数预测分析

为检验本章建模方法的稳定性，下面用本章方法做上界、下界均服从指数增长的区间灰数模拟分析。设区间灰数序列$X(\otimes)=(\otimes(1), \otimes(2), \cdots, \otimes(n)), \otimes(k) \in$

$[v_k, u_k]$, $v_k = c_1 \mathrm{e}^{a_1 k}$ ， $u_k = c_2 \mathrm{e}^{a_2 k}$ ， $k = 1,2,\cdots,n$ ，则

$$\begin{pmatrix} \hat{\beta}_1 \\ \hat{\beta}_2 \end{pmatrix} = \begin{pmatrix} \dfrac{\mathrm{e}^{a_1} + \mathrm{e}^{a_2}}{2} \\ \dfrac{\mathrm{e}^{a_2} - \mathrm{e}^{a_1}}{2} \end{pmatrix}$$

$$\hat{r}_k = \frac{c_1 \mathrm{e}^{(a_1 - a_2)k}}{c_2}$$

解方程组得 $\hat{v}_{k+1} = c_1 \mathrm{e}^{a_1(k+1)}, \hat{u}_{k+1} = c_2 \mathrm{e}^{a_2(k+1)}, \otimes(k)$ 与其预测值完全相等，因此具有预测无偏性。实际应用中，只要原始区间灰数的上界和下界分别近似服从指数增长规律，就可以用本章方法来模拟和预测。下面给出判别序列的上界、下界均为服从指数增长区间灰数的方法。

定义 8.3.1　若区间灰数的上界为 $u_k(k = 1,2,\cdots,n)$ ，称 $b_k = \dfrac{u_{k+2} - u_{k+1}}{u_{k+1} - u_k}$ 为 $u_k(k = 1,2,\cdots, n-2)$ 的变化系数， $\bar{b} = \dfrac{1}{n-2}\sum_{k=1}^{n-2}\dfrac{u_{k+2} - u_{k+1}}{u_{k+1} - u_k}$ 为 $u_k(k = 1,2,\cdots,n-2)$ 的平均变化系数，如果

$$\sum_{k=1}^{n-2}\left|\bar{b} - b_i\right| < \varepsilon$$

则 $u_k(k = 1,2,\cdots,n-2)$ 近似服从指数增长规律，其中 ε 可根据情况定， ε 越大，与指数规律近似程度越低， ε 越小，与指数规律近似程度越高。同理可判别序列的下界是否近似服从指数规律。

8.4　实 例 分 析

为便于比较，本章采用文献[90]的算例。某企业在分析竞争对手发展趋势时，缺少对手销售额的准确资料，通过在对共同竞标等经营活动中收集到的信息进行分析后。对该企业销售额的最大值和最小值进行估计，由此得到的对手销售额序列是一个区间灰数序列。采用三种方法分别建模，三种方法的误差对比见表 8.1。

表 8.1　模型误差对比

年份	实际值/万元	方法 1 模拟值	模拟值[90]	本章方法模拟值
2005	[80，100]	[80，100]	[80，100]	[80，100]
2006	[95，120]	[98.5，124.5]	[98.2，124.1]	[95，120]

续表

年份	实际值/万元	方法 1 模拟值	模拟值[90]	本章方法模拟值
2007	[120，150]	[114.2，142.5]	[118.2，147.8]	[121.1，151.0]
2008	[130，160]	[132.4，163.2]	[132.3，162.9]	[129.6，159.6]
平均相对误差绝对值/%		7.09	2.23	1.07

方法 1 是分别利用文献[48]的方法对原始区间灰数序列的上界和下界建立 GM（1，1）模型进行预测，从表 8.1 看，本章方法的平均相对误差明显小于其他两种建模方法，说明本章方法能够显著提高建模精度。也说明对于上界和下界分别近似服从指数增长规律的区间灰数，应该把区间灰数看作一个整体进行模拟预测，不应该分别对原始区间灰数序列的上界和下界建立 GM（1，1）模型进行模拟。

如果 2006 年该企业年销售额为实数 110 万元，则该问题是一个混合序列的预测问题。采用本章方法建模，模拟值见表 8.2。

表 8.2　模拟值比较

年份	实际值/万元	本章方法模拟值
2005	[80，100]	[80，100]
2006	110	110
2007	[120，150]	[121.5，151.6]
2008	[130，160]	[110.5，144.3]

从表 8.2 来看，对于既含有实数，又含有区间灰数的混合序列，本章方法同样适用。

（1）本章在计算灰数层的面积和区间灰数的认知程度的基础上，将区间灰数序列转变成实数序列，分别预测灰数层的面积和区间灰数的认知程度，再推导还原得到一种无偏的区间灰数预测模型。实例说明本章方法在避免区间灰数之间代数运算的情况下，提高了建模精度。

（2）针对既有区间灰数，又有实数的混合序列，本章方法同样适用。

（3）对于上界和下界分别近似服从指数增长规律的区间灰数，应该把区间灰数看作一个整体进行模拟预测，不应该分别对原始区间灰数序列的上界和下界建立 GM（1，1）模型进行模拟。

第9章　灰色关联度模型

灰色关联分析是灰色系统理论中十分活跃的一个分支，现有研究对各种灰色关联度的适用性分析不多，本章基于不同视角，分别提出面向时间序列的分数阶灰色关联度、面向横截面数据的灰色相似关联度和针对面板数据的三维灰色凸关联度。

9.1　分数阶灰色关联度

但是这些近似的整数阶微积分仅仅描述系统的局部特征，不能描述系统的整体特征。灰色系统理论认为，尽管客观系统表象复杂，数据离乱，但总是有整体规律的。关键在于如何选择适当的方式去挖掘它和利用它。

为了研究灰色系统的整体特征，本章基于分数阶微积分的思想，提出以加权形式考虑系统整体信息的分数阶灰色关联度。由于在灰色系统理论中，序列累加可以近似代替序列积分，先总结整数阶灰色序列微积分的规律，即讨论整数阶序列累加的规律。

定义 9.1.1　设非负序列 $X^{(0)}=(x^{(0)}(1),x^{(0)}(2),\cdots,x^{(0)}(n))$，称

$$\alpha^{(1)}x^{(0)}(k)=x^{(0)}(k)-x^{(0)}(k-1)$$

为一阶差分。那么当 $0<\frac{p}{q}<1$ 时，称 $\alpha^{(1-\frac{p}{q})}x^{(0)}(k)=\alpha^{(1)}x^{(\frac{p}{q})}(k)$ 为 $1-\frac{p}{q}$ 阶差分。

一阶差分反映系统数据的斜率变化，二阶差分反映系统数据的凹凸变化。分数阶差分可以更准确地描述实际系统的动态响应，表征系统整体的信息。为兼顾整体信息和局部信息，本章只计算一阶以内的差分。由于分数阶差分以加权的形式考虑序列的整体性质，$1-\frac{p}{q}$ 阶差分具有以下性质。

定理 9.1.1　当$\frac{p}{q}\in(0,1)$，在$\frac{p}{q}$确定的情况下，$\frac{p}{q}$越大，$1-\frac{p}{q}$阶差分更多地描述短期（近期）影响信息，$\frac{p}{q}$越小，$1-\frac{p}{q}$阶差分更多地描述长期影响信息。

证明：由定义 9.1.1 得

$$
\begin{aligned}
x^{(\frac{p}{q})}(k)-x^{(\frac{p}{q})}(k-1)&=\sum_{i=1}^{k}\mathrm{C}_{k-i+\frac{p}{q}-1}^{k-i}x^{(0)}(i)-\sum_{i=1}^{k-1}\mathrm{C}_{k-1-i+\frac{p}{q}-1}^{k-1-i}x^{(0)}(i)\\
&=x^{(0)}(k)-\sum_{i=1}^{k-1}(\mathrm{C}_{k-i+\frac{p}{q}-1}^{k-i}-\mathrm{C}_{k-1-i+\frac{p}{q}-1}^{k-1-i})x^{(0)}(i)\\
&=x^{(0)}(k)-\sum_{i=1}^{k-1}\mathrm{C}_{k-i+\frac{p}{q}-2}^{k-i}x^{(0)}(i)
\end{aligned}
$$

其中，$\mathrm{C}_{k-i+\frac{p}{q}-2}^{k-i}$表示$x^{(0)}(1)$到$x^{(0)}(k-1)$的权重系数，权重系数从$x^{(0)}(1)$到$x^{(0)}(k-1)$依次递减，则权重之差为

$$
\mathrm{C}_{k-i+\frac{p}{q}-1}^{k-i+1}-\mathrm{C}_{k-i+\frac{p}{q}-2}^{k-i}=\mathrm{C}_{k-i+\frac{p}{q}-2}^{k-i+1}
$$

设$1>\frac{p_1}{q_1}>\frac{p_2}{q_2}$，可得$\mathrm{C}_{k-i+\frac{p_1}{q_1}-2}^{k-i+1}>\mathrm{C}_{k-i+\frac{p_2}{q_2}-2}^{k-i+1}$，$\frac{p}{q}$越大，权重系数递减速度越快，即$\frac{p}{q}$越大，$1-\frac{p}{q}$阶差分更多地描述短期影响信息，$\frac{p}{q}$越小，$1-\frac{p}{q}$阶差分更多地描述长期影响信息。

定义 9.1.2　设系统行为序列

$$
\begin{aligned}
X_1^{(0)}&=(x_1^{(0)}(1),x_1^{(0)}(2),\cdots,x_1^{(0)}(n))\\
X_2^{(0)}&=(x_2^{(0)}(1),x_2^{(0)}(2),\cdots,x_2^{(0)}(n))\\
&\cdots\cdots\\
X_m^{(0)}&=(x_m^{(0)}(1),x_m^{(0)}(2),\cdots,x_m^{(0)}(n))
\end{aligned}
$$

以$X_1^{(0)}=(x_1^{(0)}(1),x_1^{(0)}(2),\cdots,x_1^{(0)}(n))$为特征行为序列，$X_2^{(0)},\cdots,X_m^{(0)}$为相关因素序列，令

$$
\gamma_{1i}^{(1-\frac{p}{q})}(k)=\sum_{k=1}^{n}\frac{1}{1+\left|\alpha^{(1-\frac{p}{q})}x_1^{(0)}(k)-\alpha^{(1-\frac{p}{q})}x_i^{(0)}(k)\right|}
$$

称$\gamma(X_1^{(0)},X_i^{(0)})=\sum_{k=1}^{n}\gamma_{1i}^{(1-\frac{p}{q})}(k)$为序列$X_1^{(0)}$与序列$X_i^{(0)}$的$1-\frac{p}{q}$阶灰色关联度，记为

$\gamma_{1i}^{(1-\frac{p}{q})}, i=1,2,\cdots,m$。若对相关因素序列 $X_i^{(0)}, X_j^{(0)}$，有 $\gamma_{1i}^{(1-\frac{p}{q})} > \gamma_{1j}^{(1-\frac{p}{q})}$，则称序列 $X_1^{(0)}$ 与序列 $X_i^{(0)}$ 的关联优于序列 $X_1^{(0)}$ 与序列 $X_j^{(0)}$ 的关联，记为 $X_i \succ X_j$，称"$\succ$"为由 $1-\frac{p}{q}$ 阶灰色关联度导出的灰色关联序。

分数阶灰色关联度的计算步骤如下。

Step 1：对原始序列数据进行均值化处理，消除量纲影响；

Step 2：计算每个序列的 $1-\frac{p}{q}$ 阶差分；

Step 3：利用上步的结果计算 $1-\frac{p}{q}$ 阶灰色关联度，由 $1-\frac{p}{q}$ 阶灰色关联度得到 $1-\frac{p}{q}$ 阶灰色关联序。

9.1.1 分数阶灰色关联度的性质

定理 9.1.2 在 $\frac{p}{q}$ 确定的情况下，$1-\frac{p}{q}$ 阶灰色关联度具有以下性质。

（1）规范性，$0 < \gamma_{ij}^{(1-\frac{p}{q})} \leqslant 1$；

（2）偶对称性，即 $\gamma_{ij}^{(1-\frac{p}{q})} = \gamma_{ji}^{(1-\frac{p}{q})}$；

（3）接近性，即 $1-\frac{p}{q}$ 阶差分越接近，$\gamma_{ij}^{(1-\frac{p}{q})}$ 越大；

（4）可比性，唯一性；

（5）数乘变换一致性，数乘变换保序性[194]；

（6）干扰因素独立性[194]。

性质（5）说明不同量纲的数据不影响关联度的大小。

9.1.2 分数阶灰色关联度的适用范围

（1）分数阶微积分模型比整数阶微积分模型更能准确地描述具有记忆特性和遗传性质的系统，分数阶灰色关联度适合用于具有记忆特性和遗传性质的系统分析。

（2）实际应用中，为计算简单，$\frac{p}{q}$ 可以取为一位小数。$\frac{p}{q}$ 越大，$1-\frac{p}{q}$ 阶灰色关联度更多地描述系统的短期关联度；$\frac{p}{q}$ 越小，$1-\frac{p}{q}$ 灰色关联度偏重于描述系统的长期关联度。

9.1.3　分数阶灰色关联度的实例应用

例 9.1.1　不同机构类型 R&D 产出效率的评价关系着科技资源优化，所以众多学者研究了某区域的不同机构类型 R&D 产出效率。例如，余晓等基于数据包络分析方法研究了浙江省不同机构类型 R&D 产出效率[195]；周伟和章仁俊基于灰色T关联度研究了安徽省科技资源投入与产出[196]。但是这些方法没有考虑科技投入的时滞性影响，有些科技投入，特别是基础研究的投入，短期内通常不会带来企业利润的增长。企业效益和 R&D 投入的关系实际上是存在一定时差的，也就是说当年的企业利润可能受几年前 R&D 投入的影响。某项科技成果的产生并不是受某一年份的影响，而是受到某一段时期内 R&D 累计投入的影响。

数据来自文献[196]，分别设高新技术产值、科研院所 R&D 经费、高等院校 R&D 经费和企业 R&D 经费为 $X_1^{(0)}$、$X_2^{(0)}$、$X_3^{(0)}$、$X_4^{(0)}$，数据见表 9.1。

表 9.1　安徽省历年科技投入与产出的相关数据（单位：亿元）

年份	高新技术产值	科研院所 R&D 经费	高等院校 R&D 经费	企业 R&D 经费
2003	758.6	9.31	7.97	14.93
2004	928.3	7.59	6.97	22.35
2005	1 236.5	9.66	7.68	27.87
2006	1 851.8	11.7	10.4	36.5
2007	2 518.3	14.5	10.7	47.2
2008	3 212.3	18.03	9.57	71.49

分别设 $\frac{p}{q}$ 为 $0.9, 0.7, 0.5, \frac{1}{3}, 0.1$，计算 $0.1, 0.3, 0.5, \frac{2}{3}, 0.9$ 阶灰色关联度，结果见表 9.2。

表 9.2　安徽省历年科技投入与产出的关联度

阶数 \ 关联度	γ_{12}	γ_{13}	γ_{14}
0.1 阶	0.872	0.739	0.914
0.3 阶	0.890	0.750	0.910
0.5 阶	0.888	0.763	0.907
2/3 阶	0.886	0.776	0.906
0.9 阶	0.885	0.796	0.899

从表 9.2 看，$\frac{p}{q}$ 较大时，即短期内，首先是企业 R&D 经费投入与高新技术产

值的关联影响最大，这是由于企业的短视行为。企业做出的决策通常过多地关注短期利益，对于企业的长期发展缺少规划和预见能力。其次是科研院所 R&D 经费投入与高新技术产值的关联度。最后是高等院校 R&D 经费投入与高新技术产值的关联度。

纵向来看，随着差分阶数的不断减小，企业 R&D 经费投入与高新技术产值的关联度在逐渐变小；高校 R&D 经费投入与高新技术产值的关联度在逐渐增大，这说明长远看，高校 R&D 经费投入会产生长远的影响，与实际情况是相符的，说明本章的分数阶灰色关联度能反映实际的系统关联情况。

例 9.1.2　近年来不少学者采用灰色关联分析方法来研究科技投入与经济增长的关系[197~199]。但都是静态的分析，不考虑科技投入转化为生产力的滞后性。

数据来自文献[197]，分别设国内生产总值、R&D 经费支出、技术引进合同金额和全国科技活动人员为 $X_1^{(0)}$、$X_2^{(0)}$、$X_3^{(0)}$、$X_4^{(0)}$，数据见表 9.3。

表 9.3　我国国内生产总值、科技投入相关数据

指标	国内生产总值/亿元	R&D 经费支出/亿元	技术引进合同金额/亿美元	R&D 人员全时当量/万人年
2001	109 655	1 042.49	90.09	95.7
2002	120 333	1 287.64	173.89	103.5
2003	135 823	1 539.63	134.51	109.5
2004	159 878	1 966.33	138.6	115.3
2005	183 218	2 449.97	190.43	136.5
2006	216 314	3 003.1	220.23	150.3
2007	265 810	3 710.24	254.15	173.6
2008	314 045	4 616.02	271.334 7	196.5
2009	340 903	5 802.11	215.717 9	229.1
2010	401 513	7 062.58	256.355 7	255.4

分别设 $\frac{p}{q}$ 为 $0.9, 0.7, 0.5, \frac{1}{3}, 0.2, 0.1$，计算 $0.1, 0.3, 0.5, \frac{2}{3}, 0.8, 0.9$ 阶灰色关联度，结果见表 9.4。

表 9.4　科技投入与国内生产总值的关联度

阶数 \ 关联度	γ_{12}	γ_{13}	γ_{14}
0.1 阶	0.909	0.921	0.902
0.3 阶	0.919	0.906	0.911
0.5 阶	0.928	0.891	0.917
2/3 阶	0.937	0.881	0.923
0.8 阶	0.937	0.873	0.930
0.9 阶	0.937	0.868	0.931

从表 9.4 看，0.1 阶灰色关联序为 $X_3 \succ X_2 \succ X_4$，说明短期内，技术引进合同金额与国内生产总值的关联度最大，依次是 R&D 经费支出，全国科技活动人员。其他阶数的灰色关联序为 $X_2 \succ X_4 \succ X_3$，说明长期看，R&D 经费支出与国内生产总值的关联度最大，依次是全国科技活动人员，技术引进合同金额。

纵向看，随着差分阶数的减小，技术引进合同金额与国内生产总值的关联度在逐渐变小，说明我国目前所处的技术发展阶段为从技术使用阶段到技术改造阶段的过渡期[197]，对国内生产总值能产生短期影响较大，长期影响较弱。R&D 经费支出与国内生产总值的关联度和全国科技活动人员与国内生产总值的关联度都在逐渐增大，这说明长远看，R&D 经费支出和全国科技活动人员对国内生产总值会产生长远的影响，与实际情况是相符的，说明本章的分数阶灰色关联度能反映实际的系统关联情况。从以上的分析看，我国在加大对先进和适用技术引进的同时，需增强消化吸收能力。

9.2　面向横截面数据的灰色相似关联度

现在大家多注意的是时间序列的关联度，对于横截面数据谈之很少[200]，可能是认为同理可得，事实并非如此，时间序列中数的排列是固定的，即按时间的先后顺序，所以关于其关联度不需要考虑序列中数的排列顺序的变化；而横截面数据里数的排列顺序是可以改变的，这种顺序的改变是否影响关联度的值，相关研究很少。本章将分析已有灰色关联度在横截面数据的适用性，提出面向横截面数据的灰色相似关联度。

9.2.1　常用灰色关联度在横截面数据的适用性

1. 绝对关联度

设非负序列 $X_i=(x_i(1),x_i(2),\cdots,x_i(n)), X_j=(x_j(1),x_j(2),\cdots,x_j(n))$ 为经过无量纲化处理过的序列，$|s_i|=\left|\sum_{k=1}^{n-1}x_i(k)+\frac{1}{2}x_i(n)\right|$，$|s_j|=\left|\sum_{k=1}^{n-1}x_j(k)+\frac{1}{2}x_j(n)\right|$，$|s_i-s_j|=\left|\sum_{k=1}^{n-1}(x_i(k)-x_j(k))+\frac{1}{2}(x_i(n)-x_j(n))\right|$，则

$$\varepsilon_{ij}=\frac{1+|s_i|+|s_j|}{1+|s_i|+|s_j|+|s_i-s_j|}$$

为 X_i 与 X_j 的灰色绝对关联度。在横截面数据中，数的排列顺序可以变化，如不

同的 $x_i(n)$ 会导致不同的 $|s_i|$，对 $|s_j|$ 也是如此。不同的 $|s_i|$ 与 $|s_j|$ 决定 ε_{ij} 的结果不唯一，因此灰色绝对关联度不适用于横截面数据。同理，灰色相对关联度、相似关联度、接近关联度都不适用于横截面数据。下面用一个例子说明灰色绝对关联度不适用于横截面数据。

例 9.2.1[6] 织机评价的灰色关联决策

原有的效果向量为

$$\boldsymbol{u}_{11}=[1,1.01,1.44,0.53,1.06,0.84,0.71,0.76,0.96,1.13,1]$$

$$\boldsymbol{u}_{12}=[1.2,0.98,0.55,1.31,0.66,1.03,0.86,0.71,1.02,1,0.87]$$

$$\boldsymbol{u}_{13}=[0.8,1.01,1.01,1.16,1.28,1.13,1.43,1.53,1.02,0.87,1.13]$$

最优参考序列 $u_0^{11}=[1.2,1.01,0.55,0.53,0.66,0.84,0.71,0.71,0.96,1.13,1.13]$，灰色绝对关联度 $\varepsilon_{01}=0.628,\varepsilon_{02}=0.891,\varepsilon_{03}=0.532$，即喷气织机为最理想机型，然后为片梭织机，最差为箭杆织机。

如果把两个指标（织物的质量和织机的品种适应性）调换一下，效果向量变为

$$\boldsymbol{u}_{11}=[1,1.01,1.44,0.53,1.06,0.84,0.71,0.76,0.96,1,1.13]$$

$$\boldsymbol{u}_{12}=[1.2,0.98,0.55,1.31,0.66,1.03,0.86,0.71,1.02,0.87,1]$$

$$\boldsymbol{u}_{13}=[0.8,1.01,1.01,1.16,1.28,1.13,1.43,1.53,1.02,1.13,0.87]$$

虽然不影响最优参考序列，但此时的灰色绝对关联度 $\varepsilon_{01}=0.633,\varepsilon_{02}=0.903,$ $\varepsilon_{03}=0.976$，即箭杆织机为最理想机型，然后为喷气织机，最差为片梭织机。排序发生变化，说明灰色绝对关联度不适用于横截面数据的关联度分析。

2. 斜率关联度

设非负序列 $X_i=(x_i(1),x_i(2),\cdots,x_i(n))$，$X_j=(x_j(1),x_j(2),\cdots,x_j(n))$ 为经过无量纲化处理过的序列，则称 $\varepsilon_{ij}=\dfrac{1}{n-1}\sum\limits_{t=1}^{n-1}\xi_{ij}(t)$ 为斜率关联度，其中

$$\xi_{ij}(t)=\frac{1+\left|\dfrac{\Delta x_i(t)}{\overline{x}_i\Delta t}\right|}{1+\left|\dfrac{\Delta x_i(t)}{\overline{x}_i\Delta t}\right|+\left|\dfrac{\Delta x_i(t)}{\overline{x}_i\Delta t}-\dfrac{\Delta x_j(t)}{\overline{x}_j\Delta t}\right|},\overline{x}_i=\frac{1}{n}\sum_{i=1}^{n}x_i,$$

$$\Delta x_i(t)=x_i(t+\Delta t)-x_i(\Delta t),\overline{x}_j=\frac{1}{n}\sum_{j=1}^{n}x_j,\Delta x_j(t)=x_j(t+\Delta t)-x_j(\Delta t)。$$

在横截面数据中，数据的不同排列会导致不同的 $\left|\dfrac{\Delta x_i(t)}{\overline{x}_i\Delta t}\right|$，对 $\left|\dfrac{\Delta x_i(t)}{\overline{x}_i\Delta t}\right|$ 也是如此，从而决定 ε_{ij} 的结果不唯一。因此灰色斜率关联度及其相应的改进斜率关联度

都不适用于横截面数据。

3. 邓氏关联度

在横截面数据中，数的不同排列会导致序列初值的不同。在应用邓氏关联度时，选择初值化消除量纲，会导致最终关联度的不唯一。如果不采用初值化消除量纲，邓氏关联度可以应用在横截面数据的关联度分析中。

考虑到邓氏关联度不具备规范性与保序性，且关联度大小与分辨系数有关，提出下列相似关联度。

9.2.2　灰色相似关联度的性质

以新研装备（预测对象）信息与以往装备信息为例的灰色相似关联度如下。

定义 9.2.1　设有 n 个复杂装备样本 $A_1, A_2, \cdots, A_n$，每个样本有 m 个系统指标，$c_i(i=1,2,\cdots,n)$ 表示样本费用，数据矩阵如下。

$$\begin{matrix} A_1 \\ A_2 \\ \vdots \\ A_n \\ A_0 \end{matrix}\begin{bmatrix} x_{11} & x_{12} & \cdots & x_{1m} & c_1 \\ x_{21} & x_{22} & \cdots & x_{2m} & c_2 \\ \vdots & \vdots & & \vdots & \vdots \\ x_{n1} & x_{n2} & \cdots & x_{nm} & c_n \\ x_{01} & x_{02} & \cdots & x_{0m} & c_0 \end{bmatrix}$$

A_0 表示要预测费用的样本（预测对象），已知系统指标 $x_{01}, x_{02}, \cdots, x_{0m}$，称

$$\gamma_{0i} = 1 - \frac{\sum_{j=1}^{m} v_{ij}}{m} (i=1,2,\cdots,n)$$

为样本 A_i 与 A_0 的灰色相似关联度，其中

$$v_{ij} = \frac{|x_{0j} - x_{ij}|}{\sum_{i=1}^{n} |x_{0j} - x_{ij}|} (j=1,2,\cdots,m)$$

灰色相似关联度越大，表示 A_i 与 A_0 越相似，如果 $\gamma_{0p} > \gamma_{0q}$，在预测 c_0 时，A_p 的权重大于 A_q。

定理 9.2.1　灰色相似关联度具有以下性质。

（1）规范性，$0 < \gamma_{0i} \leqslant 1$；

（2）接近性，即 A_i 与 A_0 越相似，γ_{0i} 越大；

（3）可比性，唯一性；

（4）若样本的某系统参数指标发生仿射变换，即

$$(x'_{1j}, x'_{2j}, \cdots, x'_{nj}, x'_{0j}) = a(x_{1j}, x_{2j}, \cdots, x_{nj}, x_{0j}) + b$$

样本 A_i 与 A_0 的灰色相似关联度保持不变。

证明：性质（1）~（3）显然成立。性质（4）若样本的某参数指标发生仿射变换，因为

$$v_{ij}^{'}=\frac{\left|ax_{0j}+b-(ax_{ij}+b)\right|}{\sum_{i=1}^{n}\left|ax_{0j}+b-(ax_{ij}+b)\right|}=\frac{\left|ax_{0j}-ax_{ij}\right|}{\sum_{i=1}^{n}\left|ax_{0j}-ax_{ij}\right|}=v_{ij}(j=1,2,\cdots,m)$$

所以样本 A_i 与 A_0 的灰色相似关联度保持不变。

定理 9.2.1 说明样本之间的相似关联度不因样本的指标发生仿射变换而改变。

9.3 针对面板数据的三维灰色凸关联度

目前大多数的关联度没有考虑序列的正负相关关系，而实际中这种现象是很多的，文献[201]定义的改进关联度和文献[95]的 T 型关联度，虽然是定义在区间[−1，1]上的，但不满足规范性，本章将利用曲线凹凸性的相似性度量关联度，提出的灰色凸关联度克服了这种缺陷，通过实例验证了灰色凸关联度的有效性和实用性。

灰色关联度主要关心的是系统特征行为序列与各相关因素行为序列关联度的大小次序，灰色关联序是一种偏序关系。至今没有人讨论灰色关联序是否会产生逆序现象，即增加或减少一个相关因素行为序列，原来相关因素行为序列的序关系会改变吗？作为一种排序方法，这是非常值得讨论的，因为在决策中，方案（或相关因素）之间的独立性是多方案决策需要遵守的约束规则之一。文献[202]指出在多准则决策中，利用规范化公式对决策矩阵进行处理会破坏方案之间的独立性，导致逆序的产生。文献[203]讨论了层次分析法用于方案选择时的逆序问题。文献[204]说明逼近理想点法和波达计数排序法都会产生逆序现象。本章提出干扰因素独立性的概念，通过实例说明邓氏关联度不满足干扰因素独立性，证明了广义灰色关联度满足干扰因素独立性。

定义 9.3.1[205] 设 $X_0=(x_0(1),x_0(2),\cdots,x_0(n))$ 为系统特征序列，且

$$X_1=(x_1(1),x_1(2),\cdots,x_1(n))$$

$$\cdots$$

$$X_m=(x_m(1),x_m(2),\cdots,x_m(n))$$

为相关因素序列，给定实数 $\gamma(x_0(k),x_i(k))$，若实数

$$\gamma(X_0,X_i)=\frac{1}{n}\sum_{k=1}^{n}\gamma(x_0(k),x_i(k))$$

满足（1）规范性。$0<\gamma(X_0,X_i)\leqslant 1,\gamma(X_0,X_i)=1\Leftarrow X_0=X_i$。

（2）整体性。对于$X_i, X_j \in X, X=\{X_s \mid s=0,1,2,\cdots,m; m\geqslant 2\}$，有$\gamma(X_j,X_i)\neq\gamma(X_i,X_j), i\neq j$。

（3）偶对称性。对于$X_i, X_j \in X$，有$\gamma(X_j,X_i)=\gamma(X_i,X_j)\Leftrightarrow X=\{X_j,X_i\}$。

（4）接近性。$|x_0(k)-x_i(k)|$越小，$\gamma(x_0(k),x_i(k))$越大。则称$\gamma(X_0,X_i)$为X_0与X_i的灰色关联度，$\gamma(x_0(k),x_i(k))$为X_0与X_i在k点的关联系数，并称（1）~（4）为灰色关联公理。

定义 9.3.2[205]　对系统行为序列

$$X_0=(x_0(1),x_0(2),\cdots,x_0(n))$$
$$X_1=(x_1(1),x_1(2),\cdots,x_1(n))$$
$$\cdots\cdots$$
$$X_m=(x_m(1),x_m(2),\cdots,x_m(n))$$

对于$\xi\in(0,1)$，令

$$\gamma(x_0(k),x_i(k))=\frac{\min_i\min_k|x_0(k)-x_i(k)|+\xi\max_i\max_k|x_0(k)-x_i(k)|}{|x_0(k)-x_i(k)|+\xi\max_i\max_k|x_0(k)-x_i(k)|}$$

$$\gamma(X_0,X_i)=\frac{1}{n}\sum_{k=1}^{n}\gamma(x_0(k),x_i(k))$$

则$\gamma(X_0,X_i)$满足灰色关联四公理，其中，ξ是分辨系数；$\gamma(X_0,X_i)$是X_0与X_i的灰色关联度。

文献[205]证明了定义 9.3.2 的关联度（有的称为邓氏关联度）满足定义 9.3.1 的灰色关联公理。

定义 9.3.3　对系统行为序列

$$X_0=(x_0(1),x_0(2),\cdots,x_0(n))$$
$$X_1=(x_1(1),x_1(2),\cdots,x_1(n))$$
$$\cdots\cdots$$
$$X_m=(x_m(1),x_m(2),\cdots,x_m(n))$$

称$\gamma(x_0(k),x_i(k))=\dfrac{1}{1+|\Delta_0(k)-\Delta_i(k)|}$为$X_0$与$X_i$的灰色凸关联系数，其中

$$\Delta_i(k)=\frac{x_i(k+2)+x_i(k)}{x_i(k+1)},\quad k=1,2,\cdots,n-2,$$

$\gamma(X_0,X_i)=\dfrac{1}{n-2}\sum_{k=1}^{n-2}\gamma(x_0(k),x_i(k))$是$X_0$与$X_i$的灰色凸关联度。若相关因素行为序列$X_i$与$X_j$有$\gamma_{0i}\geqslant\gamma_{0j}$，则称因素$X_i$优于因素$X_j$，记为$X_i\succ X_j$，称“$\succ$”为有灰色凸关联度导出的灰色关联序。

定义 9.3.4 设 $X_0=(x_0(1),x_0(2),\cdots,x_0(n))$ 为系统特征行为序列，X_i 为相关因素行为序列，如果有相似变换序列 $X_i(k)=\alpha X_0(k),\alpha$ 是常数，如有 $\gamma(X_0,X_i)=1$，则称灰色凸关联度具有一致性。

定义 9.3.5 设 $X_0=(x_0(1),x_0(2),\cdots,x_0(n))$ 为系统特征行为序列，X_i,X_j 为相关因素行为序列，如果有变换序列 $X_i^{'}$ 与 $X_j^{'}, X_i^{'}(k)=\alpha X_i(k), X_j^{'}=\alpha X_j(k)$，当 $X_i^{'}\succ X_j^{'}$ 时，有 $X_i\succ X_j$，则称灰色凸关联度具有数乘变换保序性。

定理 9.3.1 灰色凸关联度具有以下性质。

（1）规范性，$0<\gamma_{0i}\leqslant 1$。

（2）偶对称性，即 $\gamma_{0i}=\gamma_{i0}$。

（3）接近性，即 $\Delta_i(k)$ 与 $\Delta_0(k)$ 越接近，γ_{0i} 越大。

（4）可比性，唯一性；γ_{0i} 不是相对值，而成为绝对值，这为凸关联在实际应用中提供了可靠的保证。实际上性质（4）、性质（5）对应着群体决策中的连通性（或称完全性），满足这两个性质，就满足反身性，反对称性。

（5）一致性。

（6）数乘变换保序性。

证明：（1）由于 $0<\dfrac{1}{1+\left|\Delta_0(k)-\Delta_i(k)\right|}\leqslant 1$，因此 $0<\gamma_{0i}\leqslant 1$。其他性质（2）~（4）显然成立。

（5）设序列 $X_i=(x_i(1),x_i(2),\cdots,x_i(n))=(\alpha x_0(1),\alpha x_0(2),\cdots,\alpha x_0(n))$，则

$$\Delta_i(k)=\frac{\alpha x_0(k+1)-\alpha x_0(k)}{\alpha x_0(k)}=\frac{x_0(k+1)-x_0(k)}{x_0(k)}=\Delta_0(k)$$，因此 $\left|\Delta_0(k)-\Delta_i(k)\right|=0$，

故 $\gamma(X_0,X_i)=\dfrac{1}{n-1}\sum_{k=1}^{n}\gamma(x_0(k),x_i(k))=1$，所以灰色凸关联度满足一致性。

（6）有序列 $X_i=(x_i(1),x_i(2),\cdots,x_i(n)), X_i^{'}=(\alpha x_i(1),\alpha x_i(2),\cdots,\alpha x_i(n))$，

$X_j=(x_j(1),x_j(2),\cdots,x_j(n)), X_j^{'}=(\alpha x_j(1),\alpha x_j(2),\cdots,\alpha x_j(n))$，

则

$$\Delta_i^{'}(k)=\frac{\alpha x_i(k+1)-\alpha x_i(k)}{\alpha x_i(k)}=\frac{x_i(k+1)-x_i(k)}{x_i(k)}=\Delta_i(k)$$

$$\Delta_j^{'}(k)=\frac{\alpha x_j(k+1)-\alpha x_j(k)}{\alpha x_j(k)}=\frac{x_j(k+1)-x_j(k)}{x_j(k)}=\Delta_j(k)$$

故 $\gamma(X_0,X_i^{'})=\gamma(X_0,X_i);\gamma(X_0,X_j^{'})=\gamma(X_0,X_j)$，所以当 $X_i^{'}\succ X_j^{'}$ 时，有 $X_i\succ X_j$，灰色凸联度具有数乘变换保序性。

定义 9.3.6[205] 设 X_0 为系统特征行为序列，X_i,X_j 为相关因素行为序列，γ

为灰色关联度，若 $\gamma_{0i} \geqslant \gamma_{0j}$，则称因素 X_i 优于因素 X_j，记为 $X_i \succ X_j$，称“$\succ$”为由灰色关联度导出的灰色关联序。

定义 9.3.7　如果由灰色关联度导出的灰色关联序为 $X_j \succ X_i$，增加或减少若干因素后，X_i 和 X_j 的灰色关联序不变，即还是 $X_j \succ X_i$，则称增加或减少的因素为干扰因素，称由灰色关联度导出的灰色关联序满足干扰因素独立性。

定理 9.3.2　考虑系统行为序列

$$X_0 = (x_0(1), x_0(2), \cdots, x_0(n))$$
$$X_1 = (x_1(1), x_1(2), \cdots, x_1(n))$$
$$\cdots\cdots$$
$$X_m = (x_m(1), x_m(2), \cdots, x_m(n))$$

记 $X_i - x_i(1) = (x_i(1) - x_i(1), x_i(2) - x_i(1), \cdots, x_i(n) - x_i(1))$，令 $s_i = \int_1^n (X_i - x_i(1))\mathrm{d}t$，$s_i - s_j = \int_1^n (X_i^0 - X_j^0)\mathrm{d}t$，$\varepsilon_{0i} = \dfrac{1+|s_0|+|s_i|}{1+|s_0|+|s_i|+|s_0 - s_i|}$ 为 X_0 与 X_i 的灰色绝对关联度[205]，这种灰色绝对关联序满足干扰因素独立性。

证明：以 X_0 为参考因素，比较 X_i, X_j 与 X_0 的关联度大小。

求初值像，求 $|s_i - s_j|, |s_i|, |s_0|$，计算灰色绝对关联度。假设 $\varepsilon_{0i} > \varepsilon_{0j}$，当增加因素 X_p，计算 ε_{0i}、ε_{0j} 时，不涉及 X_p 中的某个数据，从而不影响 ε_{0i} 和 ε_{0j} 的数值大小，并没有改变 ε_{0i} 和 ε_{0j}，从而不改变关系 $\varepsilon_{0i} > \varepsilon_{0j}$，对于减少因素的情况，显然可得。所以灰色绝对关联序满足干扰因素独立性。

同理可证灰色相对关联序、灰色斜率关联序、灰色综合关联序、灰色相似关联序、灰色接近关联序、灰色凸关联序都满足干扰因素独立性。通过下面例子说明邓氏关联度不满足干扰因素独立性。

例 9.3.1　设系统行为序列

$$X_0 = (2, 2, 2, 2, 2, 2, 2)$$
$$X_1 = (2, 2, 1, 3, 1, 3, 2)$$
$$X_2 = (2, \frac{8}{5}, \frac{12}{5}, \frac{8}{5}, \frac{12}{5}, \frac{8}{5}, \frac{12}{5})$$

以 X_0 为参考因素，比较 X_1, X_2 与 X_0 的关联度大小。

Step 1：经初值化处理得

$$X_0' = (1, 1, 1, 1, 1, 1, 1)$$
$$X_1' = (1, 1, 0.5, 1.5, 0.5, 1.5, 0)$$
$$X_2' = (1, 0.8, 1.2, 0.8, 1.2, 0.8, 1.2)$$

Step 2：求差序列

$$\Delta_1 = (0, 0, 0.5, 0.5, 0.5, 0.5, 0)$$

$$\Delta_2 = (0, 0.2, 0.2, 0.2, 0.2, 0.2, 0.2)$$

Step 3：两极差 $M = 0.5, m = 0$，按照邓氏关联度，取 $\xi = 0.5$；

Step 4：计算灰色关联度的 $\gamma_{01} = \dfrac{13}{21}$，$\gamma_{02} = \dfrac{13}{21}$，得 $\gamma_{01} = \gamma_{02}$。

如果增加干扰因素 $X_3 = \left(2, \dfrac{8}{5}, \dfrac{12}{5}, \dfrac{8}{5}, \dfrac{12}{5}, \dfrac{8}{5}, \dfrac{16}{5}\right)$，经初值化处理得 $X_3{'} = (1, 0.8, 1.2, 0.8, 1.2, 0.8, 1.6)$，求差序列 $\Delta_3 = (0, 0.2, 0.2, 0.2, 0.2, 0.2, 0.6)$，两极差变为 $M = 0.6, m = 0$，按照邓氏关联度，取 $\xi = 0.5$，计算灰色关联度的 $\gamma_{01} = 0.6939$，γ_{02}=0.6678，$\gamma_{01} > \gamma_{02}$，说明邓氏灰色关联序不满足干扰因素独立性。

例 9.3.2[205] 某地区农业总产值 X_0、种植业总产值 X_1、畜牧业总产值 X_2 和林果业总产值 X_3，1997~2002 年共 6 年的统计数据如下。

$$X_0 = (18, 20, 22, 35, 41, 46)$$

$$X_1 = (8, 11, 12, 17, 24, 29)$$

$$X_2 = (4, 3, 5, 6, 11, 7)$$

$$X_3 = (6, 6, 5, 12, 6, 10)$$

各序列 $X_i (i = 0, 1, 2, 3)$ 的折线图如图 9.1 所示。

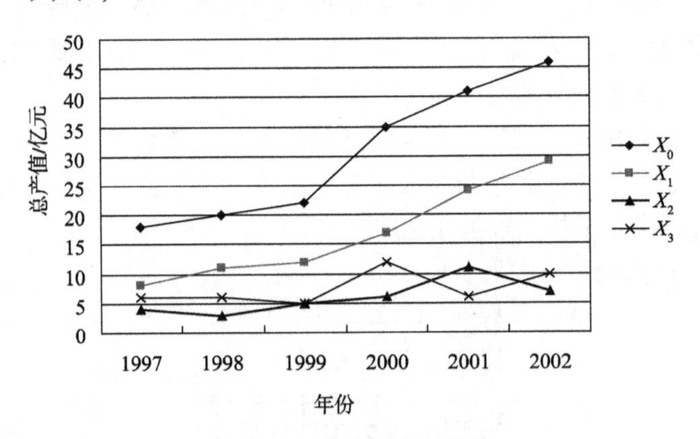

图 9.1 4 个序列的折线图

从直观上看，与农业总产值曲线最相似的是种植业总产值曲线，而畜牧业总产值曲线、林果业总产值曲线与农业总产值曲线在几何形状上差别较大。因此可以说，该地区的农业仍然是以种植业为主，畜牧业和林果业还不够发达，这是文献[205]给出的定性分析，但文献[205]没有给出定量分析。采用本章提出的凸关联计算，然后和其他关联度的结果对比见表 9.5。

表 9.5　三种关联度结果对比表

指标	γ_{01}	γ_{02}	γ_{03}
邓氏关联度	0.671 3	0.700 7	0.690 8
相对关联度	0.668 6	0.722 5	0.627 1
凸关联度	0.851 7	0.545 4	0.559 0

从结果对比看，按照凸关联度计算的关联度能较好地反映序列的相关程度。

例 9.3.3　数据来自文献[201]，研究的是煤矿百万吨死亡率相关指标的主次关系，

百万吨死亡率 $X_0=(14.15,13.98,7.72,13.31,17.82,13.69)$，

死亡人数 $X_1=(51,51,25,40,52,41)$,

煤炭产量（吨）$X_2=(3\,604\,466,\ 3\,648\,120,\ 3\,236\,619,\ 3\,005\,796,\ 2\,917\,628,\ 29\,948\,864)$,

事故次数（起）$X_3=(41,51,25,36,44,77)$。

由文献[201]的计算公式得 $\gamma_{01}=0.544\,69, \gamma_{02}=-0.507\,92, \gamma_{03}=0.536\,46,$ 所得关联序为 $X_1\succ X_3\succ|X_2|$。按本章的计算公式计算的 $\gamma_{01}=0.947\,25, \gamma_{02}=0.675\,24,$ $\gamma_{03}=90\,178$。所得关联序为 $X_1\succ X_3\succ X_2$，这表明死亡人数对安全值的影响程度要明显高于煤炭产量，事故次数对安全值的影响程度较高于煤炭产量，这与实际情况完全一致，事实上每次死亡事故的发生对国家、职工家庭和生产系统的运行会造成一定的影响，因此控制和减少事故的发生是降低百万吨死亡率的主要途径。本章在不违反规范性的前提下，得到的关联度真实地反映了实际情况，说明凸关联适用于有负相关的关联分析。而文献[201]在违反规范性的情况下，区分度不大，虽然这不影响关联序，但给人一种美中不足的感觉。

邓聚龙教授从整体性考虑，环境不同，灰色关联度亦随之变化，所以邓氏关联度不满足干扰因素独立性也是情理之中的。文献[110]证明灰色关联公理中的整体性与偶对称性矛盾，所以可以将整体性改为干扰因素独立性。

本章分别提出了三种灰色关联度，讨论了它们各自的性质，通过实例说明了它们的有效性和实用性，对于完善灰色关联理论，促进灰色系统理论有着重要意义。

第 10 章　新模型在复杂装备费用预测中的应用研究

从信息的不确定性和模糊性来看，最难的费用估算阶段莫过于方案探索、论证及研制。而参数法贯穿这三个阶段，这无疑说明了该方法的困难性和探索性。因此，探索复杂装备的费用参数及估算模型，以准确预算型号研制和生产过程的费用，是非常迫切且必要的工作，这对我国大型复杂装备研制工程具有重要的现实意义。本章针对横截面数据的费用预测问题，给出了相似信息优先的预测模型和 GM（0，N）模型，再针对时间序列的费用预测问题，给出了分数阶累加 GM（1，1）预测案例。

10.1　相似信息优先的复杂装备费用预测模型

在处理时间序列时，根据新信息优先原理，为挖掘贫信息系统的规律，赋予新信息较大的权重可以提高灰色建模的功效，“新陈代谢”模型体现了新信息优先原理，缓冲算子的不动点公理也是对新信息进行了充分的挖掘和利用。

对于横截面数据而言，为挖掘数据规律，基于差异信息原理，有必要提出相似信息优先原理，即与分析对象相似度高的信息对认知的作用大于与分析对象相似度低的信息。对于复杂装备费用预测而言，以新研装备（预测对象）信息与以往装备信息相似度为评价标准，与新研装备（预测对象）信息较相似的以往装备信息被赋予较大权重，由于现代复杂装备研制、生产、使用大都要经历一个复杂的过程，考虑到技术进步、通货膨胀、学习曲线、生产率的变化，与预测对象相似的信息能较好地反映新研装备费用与其参数之间的关系。

如果对费用影响小的参数族相似度高，影响大的参数族相似度低，则解释力低的样本权重会较高，预测的精度会受到很大影响。因此本节假设各参数的重要

性接近或相等，建立费用与装备系统指标的回归模型

$$c_i = \beta_0 + \beta_1 x_{i1} + \beta_2 x_{i2} + \cdots + \beta_m x_{im} + \varepsilon_i, \quad i = 1,2,\cdots,n$$

其中，ε_i 表示误差，设有 n 个复杂装备样本 $A_1, A_2, \cdots, A_n$，每个样本有 m 个参数指标 $x_{i1}, x_{i2}, \cdots, x_{im}$；$c_i (i=1,2,3,\cdots,n)$ 表示样本费用，对应矩阵如下所示：

$$\begin{matrix} A_1 \\ A_2 \\ \vdots \\ A_n \\ A_0 \end{matrix}\begin{bmatrix} x_{11} & x_{12} & \cdots & x_{1m} & c_1 \\ x_{21} & x_{22} & \cdots & x_{2m} & c_2 \\ \vdots & \vdots & & \vdots & \vdots \\ x_{n1} & x_{n2} & \cdots & x_{nm} & c_n \\ x_{01} & x_{02} & \cdots & x_{0m} & c_0 \end{bmatrix}$$

A_0 表示要预测费用的样本（预测对象）。$\beta_k (k=1,2,\cdots,m)$ 是未知参数，上式即为

$$c_1 = \beta_0 + \beta_1 x_{11} + \beta_2 x_{12} + \cdots + \beta_m x_{1m} + \varepsilon_1$$

$$c_2 = \beta_0 + \beta_1 x_{21} + \beta_2 x_{22} + \cdots + \beta_m x_{2m} + \varepsilon_2$$

$$\cdots\cdots$$

$$c_n = \beta_0 + \beta_1 x_{n1} + \beta_2 x_{n2} + \cdots + \beta_m x_{nm} + \varepsilon_n$$

其矩阵形式为

$$\boldsymbol{C} = \boldsymbol{X\beta} + \boldsymbol{\varepsilon}$$

其中

$$\boldsymbol{C} = \begin{bmatrix} c_1 \\ c_2 \\ \vdots \\ c_n \end{bmatrix}, \boldsymbol{X} = \begin{bmatrix} 1 & x_{11} & x_{12} & \cdots & x_{1m} \\ 1 & x_{21} & x_{22} & \cdots & x_{2m} \\ \vdots & \vdots & \vdots & & \vdots \\ 1 & x_{n1} & x_{n2} & \cdots & x_{nm} \end{bmatrix}, \boldsymbol{\beta} = \begin{bmatrix} \beta_0 \\ \beta_1 \\ \beta_2 \\ \vdots \\ \beta_p \end{bmatrix}, \boldsymbol{\varepsilon} = \begin{bmatrix} \varepsilon_1 \\ \varepsilon_2 \\ \vdots \\ \varepsilon_n \end{bmatrix}。$$

10.1.1　样本量 *n* 大于装备系统参数个数 *m* 的情况

采用加权最小二乘法估计未知参数 β，权重 $w_i = \dfrac{\gamma_{0i}}{\sum_{i=1}^{n} \gamma_{0i}}$，即设

$$\boldsymbol{\varepsilon}^{\mathrm{T}} \boldsymbol{\varepsilon} = \sum_{i=1}^{n} w_i \left(\beta_0 + \beta_1 x_{i1} + \beta_2 x_{i2} + \cdots + \beta_m x_{im} - c_i\right)^2$$

使 $\boldsymbol{\varepsilon}^{\mathrm{T}} \boldsymbol{\varepsilon}$ 最小的参数 β 满足 $\beta = [(\boldsymbol{wX})^{\mathrm{T}} \boldsymbol{wX}]^{-1} (\boldsymbol{wX})^{\mathrm{T}} \boldsymbol{C}$，权重向量 $\boldsymbol{w} = \begin{bmatrix} w_1 \\ w_2 \\ \vdots \\ w_n \end{bmatrix}$。

由于与A_0相似的信息能较好反映A_0的情况，与A_0相似关联度高的样本数据被赋予较大权重。虽然能够判断某些样本更相似一些，但是也不能把那些差异明显的样本忽略不考虑，因为按照灰色系统理论的最少信息原理，在处理小样本问题时，应充分利用已有的“最少信息”。相似是相对而言，不是绝对的。

相似信息优先的多元回归建模步骤如下。

Step 1：计算A_0与$A_1,A_2,\cdots,A_n$的相似关联度；

Step 2：对相似关联度归一化处理，即计算权重向量$\boldsymbol{w}$；

Step 3：利用加权最小二乘法估计未知参数β；

Step 4：采用模型$c_0=\hat{\beta}_0+\hat{\beta}_1x_{01}+\hat{\beta}_2x_{02}+\cdots+\hat{\beta}_px_{0m}$预测$A_0$的费用。

10.1.2　样本量n不大于装备系统参数个数m的情况

对某些小样本横截面数据，当样本量$n\leqslant m$时，传统的最小二乘法不能求解，可以采用偏最小二乘法求解参数。本章将筛选与费用关联度高的自变量（装备系统指标）。

首先，计算A_0与$A_1,A_2,\cdots,A_n$的相似关联度，选取相似关联度最大的A_k作为基准样本，A_k的有关数据记为$x_{k1},x_{k2},\cdots,x_{km},c_k$，称

$$\sigma_j=1-\frac{\sum_{i=1}^{n}\left|v_{ik}-u_i\right|}{n}(j=1,2,\cdots,m)$$

为装备系统指标j与因变量c_i的关联度，其中

$$v_{ik}=\frac{\left|x_{kj}-x_{ij}\right|}{\sum_{i=1}^{n}\left|x_{kj}-x_{ij}\right|}(j=1,2,\cdots,m),\ u_i=\frac{\left|c_k-c_i\right|}{\sum_{i=1}^{n}\left|c_k-c_i\right|}。$$

$\left|x_{kj}-x_{ij}\right|$、$\left|c_k-c_i\right|$分别表示基准样本数据与其他样本数据的距离，$v_{ik}$、$u_i$表示各距离在总距离的比重，比重越接近，参数$j$对因变量$c$的影响越大，故设

$$\sigma_j=1-\frac{\sum_{i=1}^{n}\left|v_{ik}-u_i\right|}{n}(j=1,2,\cdots,m)。$$

定理 10.1.1　若样本的某系统指标发生仿射变换，即

$$(x'_{1j},x'_{2j},\cdots,x'_{nj},x'_{0j})=a_1(x_{1j},x_{2j},\cdots,x_{nj},x_{0j})+b_1$$

费用发生仿射变换，即

$$(c'_1,c'_2,\cdots,c'_n,c'_0)=a_2(c_1,c_2,\cdots,c_n,c_0)+b_2$$

装备系统指标j与因变量c_i的关联度保持不变。

证明：若

$$(x'_{1j}, x'_{2j}, \cdots, x'_{nj}, x'_{0j}) = a_1(x_{1j}, x_{2j}, \cdots, x_{nj}, x_{0j}) + b_1$$

$$v'_{ik} = \frac{|a_1 x_{kj} + b_1 - a_1 x_{ij} - b_1|}{\sum_{i=1}^{n} |a_1 x_{kj} + b_1 - a_1 x_{ij} - b_1|} = v_{ik}$$

若费用发生仿射变换 $(c'_1, c'_2, \cdots, c'_n, c'_0) = a_2(c_1, c_2, \cdots, c_n, c_0) + b_2$

$$u'_i = \frac{|a_2 c_k + b_2 - a_2 c_i - b_2|}{\sum_{i=1}^{n} |a_2 c_k + b_2 - a_2 c_i - b_2|} = u_i$$

所以相应的 $\sigma'_j = \sigma_j$，即系统指标 j 与因变量 c_i 的关联度保持不变。

定理 10.1.1 说明样本之间的关联度不因样本的指标发生仿射变换而改变，而以往筛选变量的灰色关联度可能因样本的指标发生仿射变换而改变[139]。为了实现最少信息的最大挖掘，选取自变量时，应选取关联度较大的装备系统参数作为多元回归的自变量，但不能把关联度相对较小的装备系统参数都忽略，在能求解未知参数的情况下，应尽可能选取较多的自变量。不但要考虑关联度的大小，还要结合专家意见，尽量筛选相互独立的自变量，做到恰到好处。直到样本量 n 大于自变量个数 m 时，然后采用 10.1.1 节的 Step 2~Step 4，可得预测值。

10.1.3　实例分析

例 10.1.1　为了便于比较，本章采用文献[206]的实例。选择和文献[206]同样的样本：前 5 个型号的导弹，预测 RIM-66C 型号导弹的研制费（表 10.1）。

表 10.1　型号费用数据

导弹型号	发射质量/千克	速度/（米/秒）	射程/千米	研制费/万美元
AIM-7F/M	231.3	2.5	44.2	52.71
MIN-23B	623.7	2.5	46	79.52
MGM-52C	1 285.5	3	138.2	105.99
MGM-31B	4 600.9	8	1 842	336.53
AGM-88A	353.8	3.5	18.4	86.32
RIM-66C	640	2	73.7	61.46

结果对比见表 10.2。

表 10.2　3 种预测方法的结果比较（一）

导弹型号	实际研制费/千美元	LS-SVM 预测值[206]	参数法预测值[206]	本章方法预测值
RIM-66C	614.6	632.7	595.9	614.186 9

预测的精度取决于外推精度，和文献[206]的两种方法比较，相似信息优先的

回归模型预测精度高，说明相似信息优先的回归模型能够充分利用相似信息的数据，挖掘数据的规律性，提高预测精度。

例 10.1.2　为便于比较，采用文献[160]的实例。选择和文献[160]同样的样本：A 型号~J 型号的飞机，预测 K 型号飞机的费用。数据见表 10.3。

表 10.3　机体研制费用数据

飞机型号	研制周期/年	机体空重/千克	最大平飞速度/（千米/时）	作战半径/米	爬升率/（米/秒）	外挂重量/千克	机体首翻期/小时	研制费用/万元
A	5	3 650	1 450	400	125	1 500	600	4 167
B	7	4 170	1 320	400	115	1 000	800	4 516
C	7	3 830	2 180	400	135	1 500	800	6 549
D	7	4 470	2 260	420	150	1 500	1 000	8 457
E	6	4 060	2 180	400	150	1 500	1 000	7 613
F	7	5 530	1 240	400	106	1 500	800	4 877
G	10	6 850	2 340	750	180	2 000	1 000	17 138
H	9	7 430	2 340	800	200	2 500	1 200	25 631
I	9	7 750	2 340	900	220	2 500	1 200	31 263
J	14	12 160	1 880	850	200	3 500	1 200	63 674
K	18	6 780	2 130	1 250	235	6 000	2 000	166 340

结果对比见表 10.4。

表 10.4　3 种预测方法的结果比较（二）

飞机型号	实际费用/万元	多元回归预测值[160]	多层前馈网络预测值[160]	本章方法预测值
K	166 340	101 030	129 250	134 850.8

与文献[160]的两种方法比较，相似信息优先的回归模型预测精度高。和实际费用比较，本章的误差还是较大，不过大型系统的研制费用估算，其误差在 30%以内即是有效的[207]，本章模型在 30%以内，说明所建模型是可行的。

例 10.1.3　为了便于比较，采用文献[150]的实例。选择和文献[150]同样的样本：A 型号~H 型号的运输机，预测 I 型号运输机的价格（表 10.5）。

表 10.5　运输机样本的性能数据与价格

机型	最大起飞重量/千克	机身长/米	机高/米	起飞距离/米	满油航程/千米	最大平飞速度/（米/秒）	空重/千克	载油量/千克	价格/万元
A	13 494	23.5	8.43	867	4 262	425	6 597	5 683	6 666.7
B	6 849	14.39	4.57	987	3 701	746	3 655	2 640	3 624.3
C	9 979	16.9	5.12	1581	4 679	874	5 357	3 350	6 569.9
D	5 670	13.34	4.57	536	3 641	536	3 656	1 653	5 586.23
E	63 503	39.75	9.3	1 859	6 764	925	33 183	21 273	27 768.8

续表

机型	最大起飞重量/千克	机身长/米	机高/米	起飞距离/米	满油航程/千米	最大平飞速度/（米/秒）	空重/千克	载油量/千克	价格/万元
F	22 000	29.87	6.75	1 200	2 870	907	34 360	5 500	17 575.2
G	21 500	27.17	7.65	1 050	2 000	580	12 200	5 000	18 137.6
H	70 310	29.79	11.66	1 091	7 876	602	36 300	36 300	50 476
I	21 000	24.615	7.3	1 300	3 100	819.2	11 700	6 000	14 250

此例的样本量不大于装备系统参数个数，采用 10.1.2 节的方法计算，选取最大起飞重量、机身长、机高、最佳高度的最大平飞速度、空重和最大载油量为自变量，价格为因变量，预测结果对比见表 10.6。和文献[150]的方法比较，相似信息优先的回归模型预测精度高。

表 10.6　两种预测方法的结果比较

飞机型号	实际价格/万元	偏最小二乘回归预测值[150]	本章方法预测值
I	14 250	10 510	15 212.845

本章提出面向横截面数据的相似信息优先原理，给出一种相似信息优先的多元回归模型，在相似信息优先的回归模型中，用归一化的相似关联度作为加权最小二乘法的权重，分别体现了每个样本数据的优先性，与预测对象越相似的信息权重越多。由于相似信息的数据能较好地反映预测对象的情况，当研究横截面数据的复杂装备费用预测时，我们认为是值得推荐应用的。

10.2　基于 GM（0，N）模型预测复杂装备研制费用

文献[139，140，208~210]分别用 GM（0，N）模型及其改进模型预测复杂装备的费用，建模的目的是预测，不仅仅为了拟合，但是文献[139，140，208~210]所用的模型没有从理论上证明该方法对提高预测精度有帮助。文献[139]仅仅依据数据的增长规律对原始数据排序，但是难以从理论上严格证明这种排序方法可以提高预测精度。本章从理论上分析 GM（0，N）模型的稳定性，提出一种可以充分利用与待预测对象相似数据的 GM（0，N），进而提高预测精度的方法。

10.2.1　GM（0，N）建模原理

定理 10.2.1　设 $X_1^{(0)}$ 为系统特征数据序列，$X_i^{(0)}(i=2,3,\cdots,N)$ 为相关因素序列，$X_i^{(1)}$ 为 $X_i^{(0)}(i=1,2,\cdots,N)$ 的一阶累加序列，则灰色 GM（0，N）模型[6]

$$x_1^{(1)}(k) = a + b_2 x_2^{(1)}(k) + b_3 x_3^{(1)}(k) + \cdots + b_N x_N^{(1)}(k)$$

参数的最小二乘估计满足

$$\left[a, b_2, b_3, \cdots, b_N\right]^{\mathrm{T}} = (\boldsymbol{B}^{\mathrm{T}}\boldsymbol{B})^{-1}\boldsymbol{B}^{\mathrm{T}}\boldsymbol{Y}$$

其中

$$\boldsymbol{B} = \begin{bmatrix} 1 & x_2^{(1)}(2) & \cdots & x_N^{(1)}(2) \\ 1 & x_2^{(1)}(3) & \cdots & x_N^{(1)}(3) \\ \vdots & \vdots & & \vdots \\ 1 & x_2^{(1)}(n) & \cdots & x_N^{(1)}(n) \end{bmatrix}, \qquad \boldsymbol{Y} = \begin{bmatrix} x_1^{(1)}(2) \\ x_1^{(1)}(3) \\ \vdots \\ x_1^{(1)}(n) \end{bmatrix}$$

定理 10.2.2　设 GM（0，N）模型 $x_1^{(1)}(k) = a + b_2 x_2^{(1)}(k) + b_3 x_3^{(1)}(k) + \cdots + b_N x_N^{(1)}(k)$ 参数的解为 x，如果只发生扰动 $\hat{x}_i^{(0)}(1) = x_i^{(0)}(1) + \varepsilon_i (i = 1, 2, \cdots, N)$，则

$$\hat{\boldsymbol{B}} = \boldsymbol{B} + \partial\boldsymbol{B} = \begin{bmatrix} 1 & x_2^{(1)}(2) & \cdots & x_N^{(1)}(2) \\ 1 & x_2^{(1)}(3) & \cdots & x_N^{(1)}(3) \\ \vdots & \vdots & & \vdots \\ 1 & x_2^{(1)}(n) & \cdots & x_N^{(1)}(n) \end{bmatrix} + \begin{bmatrix} 0 & \varepsilon_2 & \cdots & \varepsilon_N \\ 0 & \varepsilon_2 & \cdots & \varepsilon_N \\ \vdots & \vdots & & \vdots \\ 0 & \varepsilon_2 & \cdots & \varepsilon_N \end{bmatrix}, \hat{\boldsymbol{Y}} = \boldsymbol{Y} + \partial\boldsymbol{Y} = \begin{bmatrix} x_1^{(1)}(2) \\ x_1^{(1)}(3) \\ \vdots \\ x_1^{(1)}(n) \end{bmatrix} + \begin{bmatrix} \varepsilon_1 \\ \varepsilon_1 \\ \vdots \\ \varepsilon_1 \end{bmatrix}$$

此时模型参数的解为 $\hat{x}$。设 $\left\|\boldsymbol{B}^{-1}\right\|\left\|\partial\boldsymbol{B}\right\| < 1$，解的相对扰动为 $\dfrac{\|\partial x\|}{\|x\|}$，则

$$\frac{\|\partial x\|}{\|x\|} \leqslant \frac{\|\boldsymbol{B}\|\left\|\boldsymbol{B}^{-1}\right\|}{1 - \|\boldsymbol{B}\|\left\|\boldsymbol{B}^{-1}\right\| \dfrac{(n-1)\left(|\varepsilon_2| + |\varepsilon_3| + \cdots + |\varepsilon_N|\right)}{\|\boldsymbol{B}\|}} \left(\frac{(n-1)\left(|\varepsilon_2| + |\varepsilon_3| + \cdots + |\varepsilon_N|\right)}{\|\boldsymbol{B}\|} + \frac{(n-1)|\varepsilon_1|}{\|\boldsymbol{Y}\|} \right)$$

证明：如果只发生扰动 $\hat{x}_i^{(0)}(1) = x_i^{(0)}(1) + \varepsilon_i (i = 1, 2, \cdots, N)$，则

$$\hat{\boldsymbol{B}} = \boldsymbol{B} + \partial\boldsymbol{B}$$

$$= \begin{bmatrix} 1 & x_2^{(1)}(2) & \cdots & x_N^{(1)}(2) \\ 1 & x_2^{(1)}(3) & \cdots & x_N^{(1)}(3) \\ \vdots & \vdots & & \vdots \\ 1 & x_2^{(1)}(n) & \cdots & x_N^{(1)}(n) \end{bmatrix} + \begin{bmatrix} 0 & \varepsilon_2 & \cdots & \varepsilon_N \\ 0 & \varepsilon_2 & \cdots & \varepsilon_N \\ \vdots & \vdots & & \vdots \\ 0 & \varepsilon_2 & \cdots & \varepsilon_N \end{bmatrix}, \hat{\boldsymbol{Y}} = \boldsymbol{Y} + \partial\boldsymbol{Y} = \begin{bmatrix} x_1^{(1)}(2) \\ x_1^{(1)}(3) \\ \vdots \\ x_1^{(1)}(n) \end{bmatrix} + \begin{bmatrix} \varepsilon_1 \\ \varepsilon_1 \\ \vdots \\ \varepsilon_1 \end{bmatrix}$$

由于 $\|\partial\boldsymbol{Y}\|_1 = (n-1)|\varepsilon_1|$，$\|\partial\boldsymbol{B}\|_{m_1} = (n-1)\left(|\varepsilon_2| + |\varepsilon_3| + \cdots + |\varepsilon_N|\right)$。由定理 4.5.1 得

$$\frac{\|\partial x\|}{\|x\|}\leqslant\frac{\|\boldsymbol{B}\|\|\boldsymbol{B}^{-1}\|}{1-\|\boldsymbol{B}\|\|\boldsymbol{B}^{-1}\|\frac{\|\partial\boldsymbol{B}\|}{\|\boldsymbol{B}\|}}\left(\frac{\|\partial\boldsymbol{B}\|}{\|\boldsymbol{B}\|}+\frac{\|\partial\boldsymbol{Y}\|}{\|\boldsymbol{Y}\|}\right)$$

$$=\frac{\|\boldsymbol{B}\|\|\boldsymbol{B}^{-1}\|}{1-\|\boldsymbol{B}\|\|\boldsymbol{B}^{-1}\|\frac{(n-1)(|\varepsilon_2|+|\varepsilon_3|+\cdots+|\varepsilon_N|)}{\|\boldsymbol{B}\|}}\left(\frac{(n-1)(|\varepsilon_2|+|\varepsilon_3|+\cdots+|\varepsilon_N|)}{\|\boldsymbol{B}\|}+\frac{(n-1)|\varepsilon_1|}{\|\boldsymbol{Y}\|}\right)$$

即扰动 $\hat{x}_i^{(0)}(1)=x_i^{(0)}(1)+\varepsilon_i(i=1,2,\cdots,N)$ 时，解的扰动界记为 $L[x_i^{(0)}(1)](i=1,2,\cdots,N)$。

$$L[x_i^{(0)}(1)]=\frac{\|\boldsymbol{B}\|\|\boldsymbol{B}^{-1}\|}{1-\|\boldsymbol{B}\|\|\boldsymbol{B}^{-1}\|\frac{(n-1)(|\varepsilon_2|+|\varepsilon_3|+\cdots+|\varepsilon_N|)}{\|\boldsymbol{B}\|}}\left(\frac{(n-1)(|\varepsilon_2|+|\varepsilon_3|+\cdots+|\varepsilon_N|)}{\|\boldsymbol{B}\|}+\frac{(n-1)|\varepsilon_1|}{\|\boldsymbol{Y}\|}\right)$$

定理 10.2.3　其他条件如定理 10.2.2，如果只发生扰动 $\hat{x}_i^{(0)}(2)=x_i^{(0)}(2)+\varepsilon_i(i=1,2,\cdots,N)$时，解的扰动界

$$L[x_i^{(0)}(2)]=\frac{\|\boldsymbol{B}\|\|\boldsymbol{B}^{-1}\|}{1-\|\boldsymbol{B}\|\|\boldsymbol{B}^{-1}\|\frac{(n-1)(|\varepsilon_2|+|\varepsilon_3|+\cdots+|\varepsilon_N|)}{\|\boldsymbol{B}\|}}\left(\frac{(n-1)(|\varepsilon_2|+|\varepsilon_3|+\cdots+|\varepsilon_N|)}{\|\boldsymbol{B}\|}+\frac{(n-1)|\varepsilon_1|}{\|\boldsymbol{Y}\|}\right)$$

依次类推，如果只发生扰动 $\hat{x}_i^{(0)}(r)=x_i^{(0)}(r)+\varepsilon_i(i=1,2,\cdots,N,r=3,4,\cdots,n)$ 时，解的扰动界

$$L[x_i^{(0)}(r)]=\frac{\|\boldsymbol{B}\|\|\boldsymbol{B}^{-1}\|}{1-\|\boldsymbol{B}\|\|\boldsymbol{B}^{-1}\|\frac{(n-r+1)(|\varepsilon_2|+|\varepsilon_3|+\cdots+|\varepsilon_N|)}{\|\boldsymbol{B}\|}}\left(\frac{(n-r+1)(|\varepsilon_2|+|\varepsilon_3|+\cdots+|\varepsilon_N|)}{\|\boldsymbol{B}\|}+\frac{(n-r+1)|\varepsilon_1|}{\|\boldsymbol{Y}\|}\right)$$

证明：如果只发生扰动 $\hat{x}_i^{(0)}(2)=x_i^{(0)}(2)+\varepsilon_i(i=1,2,\cdots,N)$，则

$$\hat{\boldsymbol{B}}=\boldsymbol{B}+\partial\boldsymbol{B}=\begin{bmatrix}1 & x_2^{(1)}(2) & \cdots & x_N^{(1)}(2)\\ 1 & x_2^{(1)}(3) & \cdots & x_N^{(1)}(3)\\ \vdots & \vdots & & \vdots\\ 1 & x_2^{(1)}(n) & \cdots & x_N^{(1)}(n)\end{bmatrix}+\begin{bmatrix}0 & \varepsilon_2 & \cdots & \varepsilon_N\\ 0 & \varepsilon_2 & \cdots & \varepsilon_N\\ \vdots & \vdots & & \vdots\\ 0 & \varepsilon_2 & \cdots & \varepsilon_N\end{bmatrix},\hat{\boldsymbol{Y}}=\boldsymbol{Y}+\partial\boldsymbol{Y}=\begin{bmatrix}x_1^{(1)}(2)\\ x_1^{(1)}(3)\\ \vdots\\ x_1^{(1)}(n)\end{bmatrix}+\begin{bmatrix}\varepsilon_1\\ \varepsilon_1\\ \vdots\\ \varepsilon_1\end{bmatrix}$$

由于$\|\partial \boldsymbol{Y}\|_1=(n-1)|\varepsilon_1|$，$\|\partial \boldsymbol{B}\|_{m_1}=(n-1)\left(|\varepsilon_2|+|\varepsilon_3|+\cdots+|\varepsilon_N|\right)$，由定理 4.5.1 得

$$\frac{\|\partial x\|}{\|x\|} \leqslant \frac{\|\boldsymbol{B}\|\|\boldsymbol{B}^{-1}\|}{1-\|\boldsymbol{B}\|\|\boldsymbol{B}^{-1}\|\dfrac{(n-1)\left(|\varepsilon_2|+|\varepsilon_3|+\cdots+|\varepsilon_N|\right)}{\|\boldsymbol{B}\|}}\left(\frac{(n-1)\left(|\varepsilon_2|+|\varepsilon_3|+\cdots+|\varepsilon_N|\right)}{\|\boldsymbol{B}\|}+\frac{(n-1)|\varepsilon_1|}{\|\boldsymbol{Y}\|}\right)$$

如果只发生扰动$\hat{x}_i^{(0)}(3)=x_i^{(0)}(3)+\varepsilon_i(i=1,2,\cdots,N)$时，此时

$$\hat{\boldsymbol{B}}=\boldsymbol{B}+\partial\boldsymbol{B}=\begin{bmatrix}1 & x_2^{(1)}(2) & \cdots & x_N^{(1)}(2)\\ 1 & x_2^{(1)}(3) & \cdots & x_N^{(1)}(3)\\ \vdots & \vdots & & \vdots\\ 1 & x_2^{(1)}(n) & \cdots & x_N^{(1)}(n)\end{bmatrix}+\begin{bmatrix}0 & 0 & \cdots & 0\\ 0 & \varepsilon_2 & \cdots & \varepsilon_N\\ \vdots & \vdots & & \vdots\\ 0 & \varepsilon_2 & \cdots & \varepsilon_N\end{bmatrix},\hat{\boldsymbol{Y}}=\boldsymbol{Y}+\partial\boldsymbol{Y}=\begin{bmatrix}x_1^{(1)}(2)\\ x_1^{(1)}(3)\\ \vdots\\ x_1^{(1)}(n)\end{bmatrix}+\begin{bmatrix}0\\ \varepsilon_1\\ \vdots\\ \varepsilon_1\end{bmatrix}$$

由于$\|\partial \boldsymbol{Y}\|_1=(n-2)|\varepsilon_1|$，$\|\partial \boldsymbol{B}\|_{m_1}=(n-2)\left(|\varepsilon_2|+|\varepsilon_3|+\cdots+|\varepsilon_N|\right)$。同理，解的扰动界

$$L[x_i^{(0)}(3)] = \frac{\|\boldsymbol{B}\|\|\boldsymbol{B}^{-1}\|}{1-\|\boldsymbol{B}\|\|\boldsymbol{B}^{-1}\|\dfrac{(n-2)\left(|\varepsilon_2|+|\varepsilon_3|+\cdots+|\varepsilon_N|\right)}{\|\boldsymbol{B}\|}}\left(\frac{(n-2)\left(|\varepsilon_2|+|\varepsilon_3|+\cdots+|\varepsilon_N|\right)}{\|\boldsymbol{B}\|}+\frac{(n-2)|\varepsilon_1|}{\|\boldsymbol{Y}\|}\right)$$

如果只发生扰动$\hat{x}_i^{(0)}(r)=x_i^{(0)}(r)+\varepsilon_i(i=1,2,\cdots,N,r=3,4,\cdots,n)$时，$\|\partial \boldsymbol{Y}\|_1=(n-r+1)|\varepsilon_1|$，$\|\partial \boldsymbol{B}\|_{m_1}=(n-r+1)\left(|\varepsilon_2|+|\varepsilon_3|+\cdots+|\varepsilon_N|\right)$。可得

$$L[x_i^{(0)}(r)] = \frac{\|\boldsymbol{B}\|\|\boldsymbol{B}^{-1}\|}{1-\|\boldsymbol{B}\|\|\boldsymbol{B}^{-1}\|\dfrac{(n-r+1)\left(|\varepsilon_2|+|\varepsilon_3|+\cdots+|\varepsilon_N|\right)}{\|\boldsymbol{B}\|}}\left(\frac{(n-r+1)\left(|\varepsilon_2|+|\varepsilon_3|+\cdots+|\varepsilon_N|\right)}{\|\boldsymbol{B}\|}+\frac{(n-r+1)|\varepsilon_1|}{\|\boldsymbol{Y}\|}\right)$$

证毕。

可以看出$L[x_i^{(0)}(r)](r=1,2,\cdots,n)$是关于原始序列样本量$n$的增函数，即原始序列样本量越大，解的扰动界$L[x_i^{(0)}(r)](r=1,2,\cdots,n)$越大。由于扰动不超过扰动界，虽然解的扰动界大，并不意味扰动一定大，但是随着原始序列样本量变大，解的扰动界变大，给人一种美中不足的感觉。由于原始序列样本量较小，解的扰动界较小，所以从扰动界大小的角度看，灰色 GM（0，N）模型适合于小样本建模。

可以看出$L[x_i^{(0)}(1)]=L[x_i^{(0)}(2)]$，$L[x_i^{(0)}(r)](r=2,3,\cdots,n)$是关于$r$的减函数，即$r$越大，解的扰动界$L[x_i^{(0)}(r)]$越小。$x_i^{(0)}(r)$比$x_i^{(0)}(r+1)(r=2,3,\cdots,n-1)$对解

的影响更敏感，从敏感性角度说明 $x_i^{(0)}(r)$ 比 $x_i^{(0)}(r+1)(r=2,3,\cdots,n-1)$ 的影响权重大。

由于原始序列样本量较小，解的扰动界较小，所以从扰动界大小的角度看，本章的 GM（0，N）模型适合于小样本建模。并不是样本越小模型越好，模型的优劣包括模型的拟合和预测效果、模型的稳定性等。本章只是从稳定性的角度考虑，当样本量较小时，GM（0，N）模型相对稳定。如果模型的原始数据完全满足线性关系，样本量再多，模型也是稳定的；如果模型的原始数据完全满足线性关系，也不需要建立 GM（0，N）模型，可以建立一般的多元线性回归模型，但是我们经常遇到的数据不一定完全满足线性关系。

GM（0，N）的建模步骤如下。

Step 1：依据样本相关因素数据与待预测对象相关因素数据的相似关联度排序，数据矩阵第 1 行的数据是与待预测对象 A_{n+1} 相似度最高的样本数据，依次排列，第 n 行的样本数据与待预测对象 A_{n+1} 相似度最低的样本数据，最终排列的数据矩阵记为

$$\begin{matrix} A_1 \\ A_2 \\ \vdots \\ A_n \\ A_{n+1} \end{matrix}\begin{bmatrix} x_2^{(0)}(1) & x_3^{(0)}(1) & \cdots & x_N^{(0)}(1) & x_1^{(0)}(1) \\ x_2^{(0)}(2) & x_3^{(0)}(2) & \cdots & x_N^{(0)}(2) & x_1^{(0)}(2) \\ \vdots & \vdots & & \vdots & \vdots \\ x_2^{(0)}(n) & x_3^{(0)}(n) & \cdots & x_N^{(0)}(n) & x_1^{(0)}(n) \\ x_2^{(0)}(n+1) & x_3^{(0)}(n+1) & \cdots & x_N^{(0)}(n+1) & x_1^{(0)}(n+1) \end{bmatrix}$$

Step 2：为了充分体现数据矩阵第 1 行数据对模型的影响，利用最终排列的数据矩阵建立 GM（0，N）模型 $x_1^{(1)}(k)=a+b_2x_2^{(1)}(k)+b_3x_3^{(1)}(k)+\cdots+b_Nx_N^{(1)}(k)$，此时参数的最小二乘估计满足

$$[a,b_2,b_3,\cdots,b_N]^{\mathrm{T}}=(\boldsymbol{B}^{\mathrm{T}}\boldsymbol{B})^{-1}\boldsymbol{B}^{\mathrm{T}}\boldsymbol{Y}$$

其中

$$\boldsymbol{B}=\begin{bmatrix} 1 & x_2^{(1)}(1) & \cdots & x_N^{(1)}(1) \\ 1 & x_2^{(1)}(2) & \cdots & x_N^{(1)}(2) \\ \vdots & \vdots & & \vdots \\ 1 & x_2^{(1)}(n) & \cdots & x_N^{(1)}(n) \end{bmatrix},\qquad \boldsymbol{Y}=\begin{bmatrix} x_1^{(1)}(1) \\ x_1^{(1)}(2) \\ \vdots \\ x_1^{(1)}(n) \end{bmatrix}$$

Step 3：进一步预测待预测对象的费用。

10.2.2　实例分析

例 10.2.1　为便于比较，本章采用文献[211]的实例。设序号 1~7 的导弹为样本，预测序号为 8 的导弹研制费用（表 10.7）。拟合精度的比较、预测精度的比较分别

见表 10.8 和表 10.9。

表 10.7　导弹研制费用与性能参数原始数据

序号	费用/百万美元	最大有效射程/千米	发射重量/千克	飞行速度马赫数	目标容量/个
1	287.85	5	84	2.5	1
2	294.46	3.6	9	2	1
3	354.02	6	16	2	1
4	441.9	7	45	1	2
5	863.54	19	602	2.5	2
6	926.4	37	1 404	2.5	2
7	956.18	46	627	2.5	1
8	1 108.38	46	636	2.5	2

表 10.8　拟合精度比较

误差	多元线性回归	本章模型
平均相对误差绝对值/%	9.06	3.98

表 10.9　预测结果比较

误差	实际值	多元线性回归	GM（0，*N*）模型
	1 108.38	1 307.66	1 110.77
平均相对误差绝对值/%		17.98	0.22

从表 10.8 和表 10.9 看，无论是拟合精度，还是预测精度，本章模型都明显高于多元线性回归，说明本章模型能够挖掘系统的演化规律。

例 10.2.2　为便于比较，本章采用文献[212]的实例。设序号 1~10 的飞机数据为样本，预测序号为 15 的飞机研制费用（表 10.10）。预测精度的比较见表 10.11。

表 10.10　飞机研制费用与特征参数原始数据

序号	飞机翼展/米	机翼面积/平方米	最大起飞质量/千克	最大平飞马赫数	航程/千米	费用/百万美元
1	14.7	62.04	33 000	2.35	3 680	62.5
2	19.54	52.49	33 724	2.34	3 220	51
3	15.16	62.04	38 800	2.35	3 400	68
4	14.7	62	44 350	1.8	4 000	67
5	13.56	78	27 216	2	4 050	92.6
6	13.956	37.3	17 800	2.35	2 550	29
7	13.05	56.49	36 741	2.5	4 445	57.7
8	9.45	27.87	19 187	2	3 890	31.5
9	9.13	41	17 000	2.2	3 333	45

续表

序号	飞机翼展/米	机翼面积/平方米	最大起飞质量/千克	最大平飞马赫数	航程/千米	费用/百万美元
10	10.8	45.7	24 500	1.8	3 600	37.1
15	8.78	33.1	18 500	1.85	1 850	35

表 10.11　预测结果比较

序号	实际值	神经网络法[212]	组合预测[212]	GM（0，N）模型
15	35	40.51	33.74	34.59
平均相对误差绝对值/%		15.73	3.61	1.18

从表 10.11 看，本章模型的预测精度明显高于其他两种方法，说明本章模型可以用于复杂装备费用的预测。

10.3　基于分数阶累加 GM（1，1）模型预测武器装备维修费用

通过对武器装备全寿命周期的费用分析，相关数据见表 10.12，可知其中维修费用在全寿命费用中所占比重较大，且呈日益增长趋势，武器装备维修费用的估算是其全寿命费用分析的核心内容和难点。如何科学预测武器装备维修成本，提高维修经费决策质量，是当前必须高度关注的问题。

表 10.12　20 世纪国产战机寿命周期费用各比例

研制年代	50~60 年代				70 年代		80 年代
采购费	14.00	18.59	25.28	30.38	36.60	39.60	40.81
使用费	26.60	23.86	20.76	14.07	12.38	7.99	6.81
维修费	10.95	21.03	19.39	28.86	22.47	31.56	37.04
后勤保障费	32.16	18.01	14.90	11.89	14.89	10.18	6.61
培训费	13.31	15.67	17.49	11.82	11.98	9.11	7.09
技术改进费	2.84	2.79	2.17	2.97	1.67	1.55	1.65
退役处理费	0.04	0.02	0.02	0.02	0.01	0.01	0.01
全寿命费用	100.00	100.00	100.00	100.00	100.00	100.00	100.00

武器装备维修成本预测是一项复杂的系统工程，案例推理[213，214]、偏最小二乘回归[215]和一些组合模型[216]等其他模型[217]被相继用于不同武器装备的维修成本预测。由于装备的单件和小批量特点，为预测数据收集造成了较大困难，鉴于

此，GM（1，1）模型及其改进模型被广泛应用于装备维修成本预测[132, 134, 149]。但是以往的 GM（1，1）模型都是建立在一阶累加基础上的，只具有局部记忆性，缺乏整体记忆性。本章将分数阶灰色预测模型用于武器装备维修成本预测。

例 10.3.1 采用文献[218]的数据，其中第 1~5 年的数据为建模样本，第 6 年的实际值为检验样本。两种模型的结果见表 10.13。

表 10.13 新型地空导弹各年维修费用预测结果比较

年	实际值/万元	GM（1，1）预测值	1.1 阶累加 GM（1，1）预测值
1	37.04	37.04	37.04
2	36.01	35.75	35.94
3	35.27	35.84	35.52
4	36.02	35.94	35.71
5	36.07	36.03	36.23
平均相对误差绝对值/%		0.53	0.44
6	36.95	36.12	36.95
平均相对误差绝对值/%		2.29	0.00

从表 10.13 看，1.1 阶累加 GM（1，1）的拟合精度略好于传统的 GM（1，1）模型，预测精度明显好于传统的 GM（1，1）模型。

例 10.3.2 采用文献[219]的数据，其中第 1~6 年的数据为建模样本，第 7~8 年的实际值为检验样本。两种模型的结果见表 10.14。

表 10.14 波音 737-1/200 飞机维修费用预测结果比较

年	实际值/万元	GM（1，1）预测值	0.1 阶累加 GM（1，1）预测值
1	257.305	257.305	257.305
2	292.682	258.971	265.113
3	250.824	272.184	269.409
4	251.654	286.072	281.159
5	308.883	300.668	298.135
6	330.681	316.008	319.970
平均相对误差绝对值/%		6.80	5.88
7	336.135	332.132	346.879
8	396.405	349.078	379.383
平均相对误差绝对值/%		6.57	3.75

从表 10.14 看，0.1 阶累加 GM（1，1）的拟合精度略好于传统的 GM（1，1）

模型，预测精度明显好于传统的 GM（1，1）模型。

例 10.3.3　采用文献[220]的数据，其中第 1~6 年的数据为建模样本，第 7 年的实际值为检验样本。两种模型的结果见表 10.15。从表 10.15 看，0.1 阶累加 GM（1，1）的拟合精度和预测精度都明显好于传统的 GM（1，1）模型。

表 10.15　某船舰维修费用预测结果比较

年	实际值/万元	GM（1，1）预测值	0.1 阶累加 GM（1，1）预测值
1	113.85	113.85	113.85
2	127.19	120.91	126.14
3	141.13	141.49	140.84
4	163.10	165.58	162.69
5	187.15	193.77	192.10
6	233.95	226.75	230.61
平均相对误差绝对值/%		2.71	0.89
7	278.51	265.35	280.47
平均相对误差绝对值/%		4.73	0.70

本章算例中，没有选取最优阶数，即没有以平均相对误差绝对值最小为目标函数，选取最优阶数。如果以平均相对误差绝对值最小为目标函数，选取最优阶数，得到的模型精度会更高。

综上所述，以上模型在复杂装备费用预测方面的适用情况如下：各种 GM（1，1）适用于复杂装备费用呈时间序列的情况，相似信息优先的复杂装备费用预测模型适用于样本费用与系统指标之间存在较强的线性关系的情况，GM（0，N）模型适用于样本费用与系统指标之间线性关系较弱的情况。

随着我国各种复杂新装备项目的不断开展，可以利用本章模型预测新装备的费用，对装备发展建设具有一定的指导意义。

参考文献

[1] Zadeh L A. Fuzzy sets[J]. Information and Control，1965，8（3）：338-353.

[2] Zadeh L A. Fuzzy sets as a basis for a theory of possibility[J]. Fuzzy Sets and Systems，1978，1（1）：3-28.

[3] Pawlak Z. Rough sets[J]. International Journal of Computer & Information Sciences，1982，11（5）：341-356.

[4] Pawlak Z，Skowron A. Rough sets：some extensions[J]. Information Sciences，2007，177（1）：28-40.

[5] 邓聚龙. 灰理论基础[M]. 武汉：华中科技大学出版社，2002：1-252.

[6] 刘思峰，党耀国，方志耕，等. 灰色系统理论及其应用[M]. 北京：科学出版社，2010：1-82.

[7] 肖新平，毛树华. 灰预测与决策方法[M]. 北京：科学出版社，2013：1-3.

[8] Wang J，Yan R，Hollister K，et al. A historic review of management science research in China[J]. Omega，2008，36（6）：919-932.

[9] Yin M S. Fifteen years of grey system theory research：a historical review and bibliometric analysis[J]. Expert Systems with Applications，2013，40（7）：2767-2775.

[10] Kumar U，Jain V K. Time series models（grey-Markov，grey model with rolling mechanism and singular spectrum analysis）to forecast energy consumption in India[J]. Energy，2010，35（4）：1709-1716.

[11] Li D C，Chang C J，Chen C C，et al. Forecasting short-term electricity consumption using the adaptive grey-based approach-an Asian case[J]. Omega，2012，40（6）：767-773.

[12] Li G D，Masuda S，Nagai M. The prediction model for electrical power system using an improved hybrid optimization model[J]. International Journal of Electrical Power & Energy Systems，2013，44（1）：981-987.

[13] Ou S L. Forecasting agricultural output with an improved grey forecasting model based on the genetic algorithm[J]. Computers and Electronics in Agriculture，2012，85：33-39.

[14] Tang H W V，Yin M S. Forecasting performance of grey prediction for education expenditure

and school enrollment[J]. Economics of Education Review，2012，31（4）：452-462.

[15] Hsu L C，Wang C H. Forecasting integrated circuit output using multivariate grey model and grey relational analysis[J]. Expert Systems with Applications，2009，36（2）：1403-1409.

[16] Teng H C，Huang Y F. The use for the competition theory of the industrial investment decisions—a case study of the Taiwan IC assembly industry[J]. International Journal of Production Economics，2013，141（1）：335-338.

[17] Golmohammadi D，Mellat-Parast M. Developing a grey-based decision-making model for supplier selection[J]. International Journal of Production Economics，2012，137（2）：191-200.

[18] Pao H T，Fu H C，Tseng C L. Forecasting of CO_2 emissions，energy consumption and economic growth in China using an improved grey model[J]. Energy，2012，40（1）：400-409.

[19] Yin M S，Tang H W V. On the fit and forecasting performance of grey prediction models for China's labor formation[J]. Mathematical and Computer Modelling，2013，57（3~4）：357-365.

[20] Chang T S，Ku C Y，Fu H P. Grey theory analysis of online population and online game industry revenue in Taiwan[J]. Technological Forecasting & Social Change，2013，80（1）：175-185.

[21] Huang S J，Chiu N H，Chen L W. Integration of the grey relational analysis with genetic algorithm for software effort estimation[J]. European Journal of Operational Research，2008，188（3）：898-909.

[22] 邓聚龙. 累加生成灰指数律——灰色控制系统的优化信息处理问题[J]. 华中科技大学学报（自然科学版），1987，15（5）：7-12.

[23] Wen K L. Grey Prediction Theory and Application[M]. Taipei：Open Tech Company，2002：5-7.

[24] 宋中民，刘希强，王树泽. 生成空间及 IM 模型[J]. 系统工程，1992，10（6）：37-42.

[25] 宋中民，邓聚龙. 反向累加生成及灰色 GOM（1，1）模型[J]. 系统工程，2001，19（1）：66-69.

[26] 杨知，任鹏，党耀国. 反向累加生成与灰色 GOM（1，1）模型的优化[J]. 系统工程理论与实践，2009，29（8）：160-164.

[27] 杨保华，张忠泉. 倒数累加生成灰色 GRM（1，1）模型及应用[J]. 数学的实践与认识，2003，33（10）：21-26.

[28] 周慧，王晓光. 倒数累加生成灰色 GRM（1，1）模型的改进[J]. 沈阳理工大学学报，2008，27（4）：84-86.

[29] 陈超英. 累加生成的改进和 GM（1，1，t）灰色模型[J]. 数学的实践与认识，2007，

37（2）：105- 109.
[30] 王美岚. 生成的凸性研究[J]. 青岛大学学报，2003，16（2）：19-23.
[31] 肖新平，宋中民，李峰. 灰技术基础及其应用[M]. 北京：科学出版社，2005：76-82.
[32] 黄继，钟晓丽. 广义累加灰色预测控制模型及其优化算法[J]. 系统工程理论与实践，2009，29（6）：147-156.
[33] 张可，刘思峰. 基于粒子群优化算法的广义累加灰色模型[J]. 系统工程与电子技术，2010，32（7）：1437-1440.
[34] 同小军，陈绵云，周龙. 关于灰色模型的累加生成效果[J]. 系统工程理论与实践，2002，22（11）：121-125.
[35] 陈俊珍. 关于灰色系统理论中的累加生成[J]. 系统工程理论与实践，1989，9（5）：10-15.
[36] 徐永高. 采油工程中灰色预测模型的病态性诊断[J]. 武汉理工大学学报，2004，28（5）：702-705.
[37] 钱吴永，党耀国，王叶梅. 加权累加生成的 GM（1，1）模型及其应用[J]. 数学的实践与认识，2009，39（15）：47-51.
[38] 魏玉明，党星海，杨鹏源，等. 加权 GM（1，1）模型在变形监测中的应用研究[J]. 工程勘察，2012，40（4）：82-84.
[39] 孙全敏，王雅鹏. 灰色增量——微分动态模型与中间变量辨识方法及其应用[J]. 系统工程理论与实践，1995，15（10）：47-54.
[40] 马乐. 灰色理论建模方法研究[D]. 东北财经大学硕士学位论文，2005.
[41] Tien T L. A research on the grey prediction model GM（1，*n*）[J]. Applied Mathematics and Computation，2012，218（9）：4903-4916.
[42] Tien T L. A new grey prediction model FGM（1，1）[J]. Mathematical and Computer Modelling，2009，49（7~8）：1416-1426.
[43] Dang Y，Liu S F，Chen K J. The GM models that $x^{(1)}(n)$ be taken as initial value[J]. Kybernetes，2004，33（2）：247-254.
[44] 张怡，魏勇，熊常伟. 灰色模型 GM（1，1）的一种新优化方法[J]. 系统工程理论与实践，2007，27（4）：141-146.
[45] 董奋义，田军. 背景值和初始条件同时优化的 GM（1，1）模型[J]. 系统工程与电子技术，2007，29（3）：464-466.
[46] 罗佑新. 非等间距新息 GM（1，1）的逐步优化模型及其应用[J]. 系统工程理论与实践，2010，30（12）：2254-2258.
[47] 姚天祥，刘思峰，党耀国. 初始值优化的离散灰色预测模型[J]. 系统工程与电子技术，2009，31（10）：2394-2398.
[48] 王义闹. GM（1，1）逐步优化直接建模方法的推广[J]. 系统工程理论与实践，2003，

23（2）：120-124.

[49] 谭冠军. GM（1，1）模型的背景值构造方法和应用[J]. 系统工程理论与实践，2000，20（4）：98-103.

[50] 王义闹，刘光珍，刘开第. GM（1，1）的一种逐步优化建模方法[J]. 系统工程理论与实践，2000，20（9）：99-104.

[51] Zou L，Dai S，Butterworth J，et al. Grey forecasting model for active vibration control systems[J]. Journal of Sound and Vibration，2009，322（4）：690-706.

[52] Lin Y H，Chiu C C，Lee P C，et al. Applying fuzzy grey modification model on inflow forecasting[J]. Engineering Applications of Artificial Intelligence，2012，25（4）：734-743.

[53] 李俊峰，戴文战. 基于插值和Newton-Cores公式的GM（1，1）模型的背景值构造新方法与应用[J]. 系统工程理论与实践，2004，24（10）：122-126.

[54] 王叶梅，党耀国，王正新. 非等间距 GM（1，1）模型背景值的优化[J]. 中国管理科学，2008，16（4）：159-162.

[55] 李翠凤，戴文战. 非等间距 GM（1，1）模型背景值构造方法及应用[J]. 清华大学学报，2007，47（2）：1729-1732.

[56] 张岐山. 提供灰色 GM（1，1）模型精度的微粒群方法[J]. 中国管理科学，2007，15（5）：126-129.

[57] Lee Y S，Tong L I. Forecasting energy consumption using a grey model improved by incorporating genetic programming[J]. Energy Conversion and Management，2011，52（1）：147-152.

[58] 何文章， 宋国乡，吴爱弟. 估计 GM（1，1）模型中参数的一族算法[J]. 系统工程理论与实践，2005，25（1）：68-75.

[59] Wang C H，Hsu L C. Using genetic algorithms grey theory to forecast high technology industrial output[J]. Applied Mathematics and Computation，2008，219（1）： 256-263.

[60] Hsu L C. Using improved grey forecasting models to forecast the output of opto-electronics industry[J]. Expert Systems with Applications，2011，38（11）：13879-13885.

[61] 郑照宁，刘德顺. 基于遗传算法的改进的GM（1，1）模型 IGM（1，1）直接建模[J]. 系统工程理论与实践，2003，23（5）：99-102.

[62] 吴利丰，王义闹. 基于平均相对误差绝对值最小的 GM（1，1）建模[J]. 华中科技大学学报，2009，37（10）：29-31.

[63] 曹定爱. 累积法理论[M]. 北京：科学出版社，2011：171.

[64] 曾祥艳，肖新平. GM（1，1）模型拓广方法研究与应用[J]. 控制与决策，2009，24（7）：1092-1096.

[65] 郭文艳，任大卫. 新息改进 GM（1，1）模型参数估计的新方法[J]. 计算机工程与应用，2008，44（24）：62-64.

[66] 李洪然，张阿根，叶为民. 参数累积估计灰色模型及地面沉降预测[J]. 岩土力学，2008，29（12）：3417-3421.

[67] 黄磊，张书毕. 参数累积估计 PGM（1，1）模型在变形预测中的应用[J]. 城市勘测，2012，（4）：152-155.

[68] 刘思峰，邓聚龙. GM（1，1）模型的适用范围[J]. 系统工程理论与实践，2000，20（5）：121-124.

[69] 王文平，邓聚龙. 灰色系统中 GM（1，1）模型的混沌特性研究[J]. 系统工程，1997，15（2）：13-16.

[70] 胡大红，魏勇. 灰模型对单调递减序列的适应性与参数估计[J]. 系统工程与电子技术，2008，30（11）：2199-2203.

[71] 党耀国，王正新，刘思峰. 灰色模型的病态问题研究[J]. 系统工程理论与实践，2008，28（1）：156-160.

[72] 郑照宁，武玉英，包涵龄. GM 模型的病态性问题[J]. 中国管理科学，2001，9（5）：38-44.

[73] 吴正朋，刘思峰，党耀国，等. 再论离散 GM（1，1）模型的病态问题研究[J]. 系统工程理论与实践，2011，31（1）：108-112.

[74] Chen C I，Huang S J. The necessary and sufficient condition for GM（1，1） grey prediction model[J]. Applied Mathematics and Computation，2013，219（11）：6152-6162.

[75] Li G D，Masuda S，Yamaguchi D，et al. A new reliability prediction model in manufacturing systems[J]. IEEE Transactions on Reliability，2010，59（1）：170-177.

[76] Su S F，Lin C B，Hsu Y T. A high precision global prediction approach based on local prediction approaches[J]. IEEE Transactions on Systems Man and Cybernetics，Part C：Applications and Reviews，2002，32（4）：416-425.

[77] Yao T，Liu S，Xie N. On the properties of small sample of GM（1，1）model[J]. Applied Mathematical Modelling，2009，33（4）：1894-1903.

[78] Yeh J F，Lu H C. On some of the basic feature of GM（1，1）model[J]. The Journal of Grey System，1996，8（1）：19-36.

[79] 吉培荣，黄巍松，胡翔勇. 无偏灰色预测模型[J]. 系统工程与电子技术，2000，22（6）：6-7.

[80] 穆勇. 无偏灰色 GM（1，1）模型的直接建模法[J]. 系统工程与电子技术，2003，25（9）：1094-1095.

[81] Xiao X，Hu Y，Guo H. Modeling mechanism and extension of GM（1，1）[J]. Journal of Systems Engineering and Electronics，2013，24（3）：445-453.

[82] Cui J，Liu S F，Zeng B，et al. A novel grey forecasting model and its optimization[J]. Applied Mathematical Modelling，2013，37（6）：4399-4406.

[83] Xie N M, Liu S F, Yang Y J, et al. On novel grey forecasting model based on non-homogeneous index sequence[J]. Applied Mathematical Modelling, 2013, 37(7): 5059-5068.

[84] Zhou W, He J M. Generalized GM(1, 1) model and its application in forecasting of fuel production[J]. Applied Mathematical Modelling, 2013, 37(9): 6234-6243.

[85] 杨保华，方志耕，张可. 基于级比序列的离散 GM（1，1）模型[J]. 系统工程与电子技术，2012，34（4）：715-718.

[86] Chen C I, Chen H L, Chen S P. Forecasting of foreign exchange rates of Taiwan's major trading partners by novel nonlinear grey Bernoulli model NGBM(1, 1)[J]. Communications in Nonlinear Science and Numerical Simulation, 2008, 13(6): 1194-1204.

[87] Wu L, Liu S F, Wang Y. Grey Lotka-Volterra model and its application[J]. Technological Forecasting and Social Change, 2012, 79(9): 1720-1730.

[88] He Z, Liu X, Chen Y. Secondary-diagonal mean transformation partial grey model based on matrix series[J]. Simulation Modelling Practice and Theory, 2012, 26: 168-184.

[89] Tsaur R C. The development of an interval grey regression model for limited time series forecasting[J]. Expert Systems with Applications, 2010, 37(2): 1200-1206.

[90] 袁潮清，刘思峰，张可. 基于发展趋势和认知程度的区间灰数预测[J]. 控制与决策，2011，26（2）：313-315.

[91] 曾波，刘思峰，谢乃明，等. 基于灰数带及灰数层的区间灰数预测模型[J]. 控制与决策，2010，25（10）：1585-1588.

[92] Liu H. The impact of human behavior on ecological threshold: positive or negative?—Grey relational analysis of ecological footprint, energy consumption and environmental protection[J]. Energy Policy, 2013, 56: 711-719.

[93] Chang K H, Chang Y C, Tsai I T. Enhancing FMEA assessment by integrating grey relational analysis and the decision making trial and evaluation laboratory approach[J]. Engineering Failure Analysis, 2013, 31: 211-224.

[94] Zhang C, Zhang H. Analysis of aerobic granular sludge formation based on grey system theory[J]. Journal of Environmental Sciences, 2013, 25(4): 710-716.

[95] 孙玉刚，党耀国. 灰色 T 型关联度的改进[J]. 系统工程理论与实践，2008，28（4）：135-139.

[96] 党耀国，刘思峰，刘斌，等. 灰色斜率关联度的改进[J]. 中国工程科学，2004，6（3）：41-44.

[97] 彭文菁. 灰色趋势关联度分析及其应用[D]. 武汉理工大学硕士学位论文，2008.

[98] 赵秀恒，王清印，王义闹，等. 不确定性系统理论及其在预测与决策中的应用[M]. 北京：冶金工业出版社，2010：152-179.

[99] 张岐山，郭喜江. 灰关联熵分析方法[J]. 系统工程理论与实践，1996，16（8）：7-11.

[100] Hao Y，Wang Y，Zhao J，et al. Grey system model with time lag and application to simulation of karst spring discharge[J]. Grey Systems：Theory and Application，2011，1（1）：47-56.

[101] 张可，刘思峰. 灰色关联聚类在面板数据的扩展及应用[J]. 系统工程理论与实践，2010，30（7）：1253-1259.

[102] 刘思峰，谢乃明，福雷斯特 J. 基于相似性和接近性视角的新型灰色关联分析模型[J]. 系统工程理论与实践，2010，30（5）：881-887.

[103] Zhang J，Wu D，Olson D L.The method of grey related analysis to multiple attribute decision making problems with interval numbers[J]. Mathematical and Computer Modelling，2005，42（9~10）：991-998.

[104] 桂预风，夏桂芳，邓旅成. 赋范空间中的灰色关联度[J]. 武汉理工大学学报，2004，28（3）：399-401.

[105] 熊和金，陈绵云，瞿坦. 灰色关联度公式的几种拓广[J]. 系统工程与电子技术，2000，22（1）：8-10.

[106] 何文章，郭鹏. 关于灰色关联度中的几个问题的探讨[J]. 数理统计与管理，1999，18（3）：25-29.

[107] 肖新平. 关于灰色关联度量化模型的理论研究和评论[J]. 系统工程理论与实践，1997，17（8）：76-81.

[108] 崔杰，党耀国，刘思峰. 几类关联分析模型的新性质[J]. 系统工程，2009，27（4）：65-70.

[109] 谢乃明，刘思峰. 几类关联度的平行性和一致性[J]. 系统工程，2007，25（8）：98-103.

[110] 黄元亮，陈宗海. 灰色关联理论中存在的不相容问题[J]. 系统工程理论与实践，2003，23（8）：118-121.

[111] 党耀国，刘思峰，刘斌，等. 关于弱化缓冲算子的研究[J]. 中国管理科学，2004，12（2）：108-111.

[112] 吴正朋，刘思峰，米传民，等. 基于反向累积法的弱化缓冲算子序列研究[J]. 中国管理科学，2009，17（3）：136-141.

[113] 崔杰，党耀国，刘思峰. 基于新弱化算子的 GM（1，1）建模精度分析[J]. 系统工程理论与实践，2009，29（7）：132-138.

[114] 崔杰，党耀国. 基于一类新的强化缓冲算子的 GM（1，1）预测精度研究[J]. 控制与决策，2009，24（1）：44-48.

[115] 崔立志，刘思峰，吴正朋. 关于新的弱化缓冲算子的研究及其应用[J]. 控制与决策，2009，24 （8）：1252-1256.

[116] 崔立志，刘思峰，吴正朋. 新的强化缓冲算子的构造及其应用[J]. 系统工程理论与实践，2010，30（3）：484-489.

[117] 戴文战，苏永. 基于新信息优先的强化缓冲算子的构造及应用[J]. 自动化学报，2012，38（8）：1329-1334.

[118] Hu X L，Wu Z P，Han R. Analysis on the strengthening buffer operator based on the strictly monotone function[J]. International Journal of Applied Physics and Mathematics，2013，3（2）：132-136.

[119] 党耀国，刘思峰，米传民. 强化缓冲算子性质的研究[J]. 控制与决策，2007，22（7）：730-734.

[120] 关叶青，刘思峰. 线性缓冲算子矩阵及其应用研究[J]. 高校应用数学学报，2008，23（3）：357-362.

[121] 魏勇，孔新海. 几类强弱缓冲算子的构造方法及其内在联系[J].控制与决策，2010，25（2）：196 -202.

[122] Guo C，Xu X，Gong Z. Co-integration analysis between GDP and meteorological catastrophic factors of Nanjing city based on the buffer operator[J]. Natural Hazards，2014，71（2）：1091-1105.

[123] Liao R J，Yang J P，Grzybowski S，et al. Forecasting dissolved gases content in power transformer oil based on weakening buffer operator and least square support vector machine-Markov[J]. IET Generation，Transmission & Distribution，2012，6（2）：142-151.

[124] 朱坚民，翟东婷，黄之文. 基于弱化缓冲算子和 GM（1，1）等维新息模型的骨折愈合应力预测[J]. 中国生物医学工程学报，2012，31（2）：268-275.

[125] 尹春华，顾培亮. 基于灰色序列生成中缓冲算子的能源预测[J]. 系统工程学报，2003，18（2）：189-194.

[126] 李冬梅，李翔. 基于 NWBO 的数字化图书馆投入预测建模研究[J]. 南京工程学院学报，2012，10（4）：48-51.

[127] 高岩，周德群，刘晨琛. 基于指数型新弱化缓冲算子的能源需求预测[J]. 管理学报，2010，7（8）：1211-1214.

[128] 王大鹏，汪秉文. 基于变权缓冲灰色模型的中长期负荷预测[J]. 电网技术，2013，37（1）：167-171.

[129] 高岩，周德群，刘晨琛，等. 新变权缓冲算子的构造方法及其内在联系[J]. 系统工程理论与实践，2013，33（2）：489-497.

[130] 王正新，党耀国，刘思峰. 变权缓冲算子及缓冲算子公理的补充[J]. 系统工程，2009，27（1）：113-117.

[131] 李雪梅，党耀国，王正新. 调和变权缓冲算子及其作用强度比较[J]. 系统工程理论与实践，2012，32（11）：2486-2492.

[132] 陈郁虹，刘军. 灰色预测在无人机维修费用估算中的应用[J]. 北京航空航天大学学报，2004，30（3）：214-216.

[133] 郭继周，宋贵宝，彭绍雄. 装备使用保障费用灰色建模分析[J]. 系统工程与电子技术，2004，26（1）：64-67.

[134] 冀海燕，张笑，王瑞臣. 潜射导弹武器系统维修保障费用灰色预测[J]. 青岛大学学报，2013，28（1）：72-76.

[135] 孟科，张博. 基于灰色分离建模方法的装备寿命周期费用预测[J]. 火力与指挥控制，2011，36（12）：79-80.

[136] 王春健. 基于灰色预测模型的某型导弹费用研究[J]. 舰艇电子工程，2007，27（2）：134-137.

[137] 訾书宇，魏汝祥. 基于改进灰色 GM（1，1）模型的武器系统费用预测[J]. 海军工程大学学报，2010，22（2）：108-112.

[138] 卢海翔，魏军. 利用改进的 GM（1，1，λ）模型预测舰艇批量生产成本[J]. 舰艇电子工程，2009，29（5）：105-107.

[139] 何莎伟，刘思峰，方志耕. 基于 I—GM（0，N）模型的干线客机价格预测方法[J]. 系统工程理论与实践，2012，32（8）：1701-1707.

[140] 孙兆辉，白思俊，刘丽华. 基于聚类分析和灰色模型的固体火箭发动机价格模型研究[J]. 系统工程理论与实践，2005，25（8）：114-118.

[141] 陆凯，李为吉，宋笔锋. 无人战斗机机体研制生产费用的灰色模型估算方法[J]. 系统工程理论与实践，2003，23（3）：117-122.

[142] 梁庆文，宋宝维，贾跃. 鱼雷灰色寿命周期费用模型[J]. 弹箭与制导学报，2007，27（1）：244-246.

[143] 顾晓辉，王晓鸣，赵有守. 灰色系统的弹箭系统研制费用估计模型的研究[J]. 南京理工大学学报，2001，25（2）：117-120.

[144] 杨梅英，沈梅子. 基于灰色组合模型的发动机研制费用估算研究[J]. 数学的实践与认识，2006，36（10）：161-166.

[145] 郭雷，唐文哲，吕辉. 基于 GM（0，h）和离散型 GM（1，1）模型的工程装备费用预测模型研究[J]. 项目管理技术，2011，9（2）：99-103.

[146] 段经纬，孟科，张恒喜，等. 灰色理论和线性回归组合方法在装备使用保障费用估算中的应用[J]. 装备指挥技术学院学报，2006，17（6）：27-30.

[147] 解建喜，宋笔锋，刘东霞，等. 基于灰色关联分析理论和等工程价值比方法的飞行器研制生产费用研究[J]. 兵工学报，2007，38（2）：223-227.

[148] 梁庆文，赵民全，杨璞. 灰色神经网络的鱼雷经济寿命预测[J]. 火力与指挥控制，2011，36（10）：172-175.

[149] 谢力，魏汝祥，陆霞，等. 基于缓冲算子的装备修理价格预测[J]. 武汉理工大学学报，

2010，32（5）：807-810.

[150] 李寿安，张恒喜，童中翔，等. 偏最小二乘回归在军用飞机价格预测中的应用[J]. 航空学报，2006，27（3）：600-604.

[151] 王礼沅，郭基联，张恒喜. 递阶偏最小二乘回归在飞机研制费用预测中的应用[J]. 航空学报，2009，30 （8）：1580-1583.

[152] 徐哲，刘荣. 偏最小二乘回归法在武器装备研制费用估算中的应用[J]. 数学的实践与认识，2005，35 （3）：152-158.

[153] 罗为，刘鲁. 基于偏最小二乘法的军用无人机研制费用预测[J]. 北京航空航天大学学报，2010，36（6）：667-670.

[154] 何萌. 基于LS-SVM的无人机费用预测[J]. 空军工程大学学报，2008，9（1）：23-26.

[155] 蒋铁军，李积源. 基于支持向量机的武器系统费用预测[J]. 系统工程理论与实践，2004，24（9）：121-124.

[156] 余珺，郑先斌，张小海. 基于多核优选的装备费用支持向量机预测法[J]. 四川兵工学报，2011，32（6）：118-120.

[157] 朱家元，张喜斌，张恒喜，等. 多参数装备费用的支持向量机预测[J]. 系统工程与电子技术，2003，25（6）：701-703.

[158] 刘进方，陈晓川，杨建国，等. 基于免疫神经网络的飞机全生命周期成本预测[J]. 制造业自动化，2011，33（10）：88-90.

[159] 张伟，花兴来. BP 神经网络的地面雷达全寿命周期费用估算[J]. 空军工程大学学报，2009，10（1）：52-55.

[160] 李登科，张恒喜，李寿安. BP 神经网络的飞机机体研制费用估算[J]. 火力与指挥控制，2006，31（9）：27-29.

[161] 钟诗胜，付旭云，胡淑荣. 小样本条件下航空装备费用预测[J]. 哈尔滨工业大学学报，2011，43（5）：52-55.

[162] 张敏芳，刘沃野，陈炜刚. 小样本装备软件成本估算相关向量机建模[J]. 军械工程学院学报，2011，23（4）：13-16.

[163] 赵英俊. 基于等工程价值比的防空导弹武器费用模型[J]. 系统工程理论与实践，2001，21（6）：96-99.

[164] 曹龙，刘晓东. 基于等工程价值比的远程轰炸机研制费用估算[J]. 航空计算技术，2006，36（1）：33-35.

[165] 蒋铁军，张怀强. 基于信息熵的舰船装备建造费组合预测研究[J]. 舰船科学技术，2011，33（1）：127-130.

[166] 史志富，张安，王卫华. 导弹武器系统费用的模糊估算模型研究[J]. 模糊系统与数学，2006，20（2）：153-157.

[167] 孟科，张恒喜，段经纬. 基于未确知数理论的装备全寿命费用定性估算方法[J]. 电光与

控制，2005，12（6）：66-69.

[168] 高尚. 基于 Rough 集理论和神经网络的武器系统参数费用模型[J]. 系统工程理论与实践，2003，23（4）：52-55.

[169] 王在华，胡海岩. 含分数阶导数阻尼的线性振动系统的稳定性[J]. 中国科学 G 辑，2009，39 （10）：1495-1502.

[170] 高哲，廖晓钟. 一种线性分数阶系统稳定性的频域判别准则[J]. 自动化学报，2011，37（11）：1387-1394.

[171] 辛宝贵，陈通，刘艳芹. 一类分数阶混沌金融系统的复杂性演化研究[J]. 物理学报，2011，60（4）：797-802.

[172] Stewart G M. On the perturbation of pseudoinverses，projections and linear square problems[J]. Siam Review，1977，（19）：634-662.

[173] 孙继广. 矩阵扰动分析[M]. 北京：科学出版社，1987：355-356.

[174] 王义闹. GM（1，1）的直接建模方法及性质[J]. 系统工程理论与实践，1988，8（1）：27-31.

[175] Lin C S，Liou F M，Huang C P. Grey forecasting model for CO_2 emissions：a Taiwan study[J]. Applied Energy，2011，88：3816-3820.

[176] 田刚，李南，刘思峰. 基于参数优化的物流需求灰预测研究[J]. 华东经济管理，2011，25（6）：155-157.

[177] 余宏刚，周浩. 基于灰色马尔科夫组合模型的装备维修费用预测[J]. 四川兵工学报，2015，36（12）：48-51.

[178] 黄艳红，朱家明，陈梦倩，等. 基于三次指数平滑对用户用电量的预测[J]. 上海工程技术大学学报，2016，30（4）：365-369.

[179] 练郑伟，党耀国，王正新. 反向累加生成的特性及 GOM（1，1）模型的优化[J]. 系统工程理论与实践，2013，33（9）：2306-2312.

[180] Wu L，Liu S F，Yao L，et al. Grey system model with the fractional order accumulation[J]. Communications in Nonlinear Science and Numerical Simulation，2013，32（7）：1505.

[181] 刘金英，杨天行，王淑玲. 反向 GOM（1，1）模型参数的直接求解方法[J]. 吉林大学学报，2003，33（2）：75-79.

[182] Kheirizad I，Jalali A A，Khandani K. Stabilisation of unstable FOPDT processes with a single zero by fractional-order controllers[J]. International Journal of Systems Science，2013，44（8）：1533-1545.

[183] 高朝邦，周激流. 基于四元数分数阶方向微分的图像增强[J]. 自动化学报，2011，37（2）：150-159.

[184] 刘式达，时少英，刘式适，等. 天气和气候之间的桥梁——分数阶导数[J]. 气象科技，2007，35（1）：15-19.

[185] Podlubny I. Geometric and physical interpretation of fractional integration and fractional differentiation[J]. Fractional Calculus and Applied Analysis，2002，5（4）：367-386.

[186] 戴华. 矩阵论[M]. 北京：科学出版社，2001：192-193.

[187] 孔涵，杨普容，成金华. 基于 Matlab 支持向量回归机的能源需求预测模型[J]. 系统工程理论与实践，2011，31（10）：2001-2007.

[188] 苏欣，张琳，袁宗明. 城市燃气长期负荷的累积法预测[J]. 哈尔滨工业大学学报，2009，41（3）：254-256.

[189] 李峰，王仲东. GM（0，N）模型参数估计的新方法[J]. 武汉理工大学学报，2002，26（5）：625-627.

[190] 曾祥艳，肖新平. 累积法 GM（2，1）模型及其病态性研究[J]. 系统工程与电子技术，2006，28（4）：542-545.

[191] 刘圣保，张公让，毛雪岷，等. 反向累积法 GM（2，1）模型及其病态性研究[J]. 合肥工业大学学报，2011，34（4）：603-608.

[192] Chang C J，Li D C，Dai W L，et al. A latent information function to extend domain attributes to improve the accuracy of small-data-set forecasting[J]. Neurocomputing，2014，129：343-349.

[193] Xu Z S，Da Q L. The uncertain OWA operator[J]. International Journal of Intelligent Systems，2002，17（6）：569-575.

[194] 吴利丰，王义闹，刘思峰. 灰色凸关联及其性质[J]. 系统工程理论与实践，2012，32（7）：1501-1505.

[195] 余晓，王晓军，王虹. 浙江省 R&D 投入现状及不同机构类型 R&D 产出效率评价[J]. 工业技术经济，2010，29（11）：117-121.

[196] 周伟，章仁俊. 科技资源投入与产出的 T 型关联度研究[J]. 情报杂志，2011，30（2）：96-100.

[197] 姜秀娟，赵峰. 我国科技投入与经济增长的 T 型关联度分析[J]. 科技进步与对策，2010，27（11）：4-6.

[198] 米传民，刘思峰，杨菊. 江苏省科技投入与经济增长的灰色关联研究[J]. 科学学与科学技术管理，2004，25（1）：34-36.

[199] 鲁成，李晓英. 北京市科技投入与经济增长关联的实证分析[J]. 科技管理研究，2006，26（4）：39-41.

[200] 李宏艳. 关于灰色关联度计算方法的研究[J]. 系统工程与电子技术，2004，26（9）：1231-1234.

[201] 肖新平，谢录臣，黄定荣. 灰色关联度计算的改进及其应用[J]. 数理统计与管理，1995，14（5）：27-30.

[202] 章玲，周德群. 规范化公式对无关方案独立性的影响[J]. 系统工程，2005，23（5）：

125-126.

[203] Saaty T L. Rank from comparisons and from ratings in the analytic hierarchy/network processes[J]. European Journal of Operational Research，2006，168（2）：557-570.

[204] Wang Y，Luo Y. On rank reversal in decision analysis[J]. Mathematical and Computer Modelling，2009，49（5~6）：1221-1229.

[205] 刘思峰，党耀国，方志耕. 灰色系统理论及其应用[M]. 北京：科学出版社，2004：51-79.

[206] 张丽叶，郑绍钰. 基于 LS-SVM 的装备费用建模与分析[J]. 兵工自动化，2009，28（2）：16-19.

[207] 飞机设计手册编委会. 技术经济设计[M]. 北京：航空工业出版社，2001：6-7.

[208] 杨青，汪亮，叶定友，等. 一种改进的导弹费用估算方法[J]. 系统工程与电子技术，2002，24（4）：12-15.

[209] 韩晓明，姜科，张琳，等. 基于灰色神经网络武器装备研制费用预测模型[J]. 现代防御技术，2011，39（4）：184-188.

[210] 顾晓辉，王晓鸣. 残差修正的弹箭系统研制费用估算模型研究[J]. 系统工程与电子技术，2003，25（6）：60-61.

[211] 刘建. 航天型号寿命周期费用估算及报价系统研究与实现[D]. 国防科学技术大学硕士学位论文，2004.

[212] 蔡伟宁，方卫国. 飞机研制费用的组合预测方法[J]. 系统工程与电子技术，2014，36（8）：1573-1579.

[213] 訾书宇，魏汝祥，管宝宁，等. 船舰维修成本预测中的案例相似性检索技术[J]. 计算机集成制造系统，2012，18（1）：208-215.

[214] 吴静敏，左洪福. 基于案例推理的直接维修成本预计方法[J]. 航空学报，2005，26（2）：190- 194.

[215] 张翀，郑绍钰，王璐璐. 基于偏最小二乘回归分析的实验装备修理成本预测[J]. 兵工自动化，2010，29（12）：1-5.

[216] 谢力，魏汝祥，尹相平，等. 基于改进 IOWA 组合模型的船舰装备维修费预测[J]. 系统工程与电子技术，2012，34（6）：1176-1181.

[217] 付旭云，王瑞，钟诗胜. 航空发动机车间维修成本预测[J]. 计算机集成制造系统，2010，16（10）：2304-2310.

[218] 陈尚东，张琳，陈永革. 地空导弹武器系统维修费用灰色预测模型[J]. 空军工程大学学报，2008，9（2）：72-76.

[219] 陈勇. 民用飞机维修成本分析与评估[D]. 南京航空航天大学硕士学位论文，2006.

[220] 刘慕霄. 改进 GM（1，1）模型在舰船维修费用预测中的应用[J]. 舰船电子工程，2010，30（12）：151-154.